石油化工设备完整性管理

朱建民　杨　锋　王建军　主　编
任　刚　刘　昕　屈定荣　副主编

中国石化出版社

内 容 提 要

本书在介绍我国石油化工企业设备管理制度及国外完整性管理相关知识的基础上，对我国石油化工企业设备完整性管理体系的构成、设备完整性管理体系的策划与实施、设备完整性管理体系的关键要素创新和设备完整性管理体系的持续改进进行了详细阐述。同时，本书还对石油化工企业设备完整性管理信息平台相关知识进行了描述。

本书可供石油化工、石油天然气开采、煤炭、电力及其他涉及设备设施管理的行业或企业领导，从事生产、设备、设计、制造、科研、安全、环保工作的管理人员和技术人员，以及基层生产操作、维修人员学习和借鉴参考；也可供高校相关专业师生参考。

图书在版编目（CIP）数据

石油化工设备完整性管理／朱建民，杨锋，王建军主编．—北京：中国石化出版社，2020.9（2021.2重印）
ISBN 978-7-5114-5986-2

Ⅰ．①石…　Ⅱ．①朱…　②杨…　③王…　Ⅲ．①石油化工设备－完整性－管理　Ⅳ．①TE65

中国版本图书馆 CIP 数据核字（2020）第 177623 号

未经本社书面授权，本书任何部分不得被复制、抄袭，或者以任何形式或任何方式传播。版权所有，侵权必究。

中国石化出版社出版发行

地址：北京市东城区安定门外大街 58 号
邮编：100011　电话：(010)57512500
发行部电话：(010)57512575
http://www.sinopec-press.com
E-mail:press@sinopec.com
北京富泰印刷有限责任公司印刷
全国各地新华书店经销
*
787×1092 毫米 16 开本 11.5 印张 229 千字
2020 年 9 月第 1 版　2021 年 2 月第 3 次印刷
定价：69.00 元

编　委　会

主　　编：朱建民　杨　锋　王建军

副 主 编：任　刚　刘　昕　屈定荣

编写人员：朱建民　杨　锋　王建军　任　刚

刘　昕　许述剑　程　聂　屈定荣

武文斌　邱志刚　邱　枫　吕　伟

邢　勐　朱　哲　刘　凯　吴乔莉

喻瑶琦　王惟一　贾长青　龚海桥

邓记宝　戚　超　杨书毅　柴　磊

丁一刚　张　威　刘　嵩　张　鹏

前 言

20 世纪 90 年代后，国外石油石化企业开始推行设备完整性管理方法。该方法以风险理论为基础，以设备生命周期全过程管理为主线，综合考虑设备安全性、可靠性、维修性及经济性，采用工程技术和系统化管理相结合的方式来保证设备功能状态的完好，用于预防和遏制重大危险化学品事故的发生。

进入 21 世纪，我国石油化工企业开始与国外先进企业设备管理水平进行对标，在借鉴国外完整性管理理念的基础上，结合我国石油化工设备管理优良传统，建立了具有我国石油化工设备管理特色的设备完整性管理体系。该设备完整性管理体系框架结构采用 GB/T 33173/ISO 55001《资产管理 管理体系 要求》的基础架构，在汲取国外先进管理经验的基础上与我国石化设备传统管理理念、方法相融合。该体系传承了石化设备管理制度的核心内容，创新了设备缺陷、定时事务、分级管理、专业管理、技术管理等内容。该体系通过传承、引进和创新思想和方法，具有以 KPI 为引领，以风险管控为中心，以“可靠性+经济性”为原则，以全生命周期运行为主线，以业务流程为依据，以信息技术为依托，将管理工具与技术工具有机融合的特点。该体系同时建立了“驾驶舱”理念的设备完整性信息平台，将设备管理信息与技术信息相融合，实现了设备管理制度化、制度流程化、流程表单化、表单信息化，做到了组织架构、管理流程、一体化文件、预防性工作、技术工具的五个融合。

本书基于我国的设备完整性管理体系而编写，系统介绍了石油化工设备完整性管理相关知识。全书共分为 6 章，其中王建军、许述剑负责第 1 章绪论的编写，邱志刚负责第 2 章体系构成的编写，邱枫、屈定荣负责第 3 章体系策划与实施的编写，刘昕、程聂、武文斌、刘凯、吴乔莉、喻瑶琦、王惟一等负责

第 4 章体系关键要素创新、第 5 章体系持续改进的编写，屈定荣负责第 6 章设备完整性管理信息平台的编写，任刚、吕伟、邢勐、朱哲在组织定时性事务、KPI 指标确定、设备分级标准、标准缺陷库建立等方面做了大量工作，贾长青、龚海桥、邓记宝、戚超、杨书毅、柴磊、丁一刚、张威、刘嵩、张鹏参与了部分章节的编写工作，朱建民、杨锋、王建军对全书进行了统稿。

限于作者水平，书中如有不妥之处请读者不吝赐教。

目 录

第一章

绪　论

第一节　我国石油化工企业设备管理制度的形成及发展

我国石油化工企业设备管理制度起源于“大庆精神”，形成于几十年管理经验实践。在新中国成立之前，我国炼油能力全部只有 19 万吨/年，直到 1958 年才建成了我国当时最大的炼油厂——兰州炼油厂，加工能力为 100 万吨/年。1959 年我国在大庆发现了新油田，1960 年组织了石油大会战，1963 年大庆油田建成，同时第二个 100 万吨/年的大庆炼油厂也建成投产。20 世纪 70 年代，我国化工行业加快发展，从国外引进了 4 套化纤、2 套乙烯、1 套氯乙烯和 13 套大化肥装置。2019 年我国炼油产能达 8. 6 亿吨，乙烯产量达 2052. 3 万吨，已建成投产的千万吨级炼油基地达 26 个。

石油化工企业的蓬勃发展，使得设备管理思想和管理方法以及管理制度逐步形成，以大庆油田创业精神为代表的“大庆精神”影响了我国工业建设以及管理的方方面面，石化企业走在了“工业学大庆”的前列，石化企业在管理方面发展和继承了大庆油田的管理经验，例如“自力更生、艰苦奋斗”的精神；“三老四严”的作风；“三基”方法；“岗位练兵”培训；在岗工作的“四个一样”“四懂三会”等等。“大庆精神”不仅为我国在企业管理方面起到了促进作用，在设备管理方面也创造了很多好经验和做法。直到今天，在石油化工企业的管理中，“大庆精神”仍然是一座不倒的丰碑。

一、石油化工企业设备管理与检维修

由于石油化工企业具有高温、高压、易燃、易爆、有毒、有害的特点，石油化工企业无论是在石油工业部还是后来的燃料化学工业部的主管下，设备管理工作一直受到高度重视，在石油化工企业管理组织架构设计上，各企业均设有分管设备的副厂长、设备副总工程师或总机械师；机关设有专业齐全的设备管理部门；车间有分管设备的副主任和设备员；班组有不脱产的工人设备员。这样，从厂部到基层班组，全厂形成了一个干群结合的设备架构，直到 21 世纪的今天，这一架构仍然在大多数企业保持。

在设备检维修力量方面，绝大多数企业都有相应的检维修队伍。检维修队伍一般以维修车间(或机修车间)、检修机构(或分厂)、电工车间、仪表车间等形式存在，各检维修车间负责设备日常的巡检以及检维修工作。

二、设备管理制度的形成

我国《炼油厂设备管理制度》和《炼油厂设备维护检修规程》最早形成于20世纪60年代，由当时主管石油化工企业的石油工业部组织编写，许多条文的形成都是源于经验和事故的教训，1973年燃料化学工业部主管炼化企业时又进一步组织修订了《炼油厂设备维护检修规程》。

在岗位责任制建立后，为进一步确保生产的安全稳定，定期开展了岗位责任制大检查工作，针对企业管理、安全生产、劳动纪律、作风建设、规章制度执行等进行季度和年度岗位责任制大检查工作，通过检查促进管理水平的不断进步。

设备大检查是在岗位责任制检查的基础上，针对设备管理的特点和重要性，进一步提升检查层次、统一检查标准和细化检查内容确定下来的。设备大检查由上级部门统一组织进行，设备大检查不仅促进了企业设备管理水平的提高，也给企业之间相互学习、互相交流经验提供了很好的机会。因此从20世纪60年代开始，无论上级主管部门如何变化，石油化工企业上级部门组织的每年一次设备大检查一直延续到今天。

三、行业重组助力炼化企业发展

1978年我国原油产量达到了一亿吨，为了提高原油资源的利用率，使其在国家建设中发挥更大的作用，国家决定整合石油炼制和石油化工行业。1983年国务院决定打破原有行业和地域，对全国39家隶属于石油工业部、化学工业部、纺织工业部的重要的炼油、石油化工和化纤企业实行集中管理，成立中国石油化工总公司，对各石油化工企业实行集中领导，统筹规划，统一管理。

中国石油化工总公司成立后，设备管理工作得到进一步重视，在中国石油化工总公司设立了专业齐全的设备管理部门，当年12月召开了第一次石油化工机动工作会议。在燃料化学工业部1977年制定的《炼油厂设备技术管理制度》的基础上，编制了中国石油化工总公司《设备技术管理制度》，1989年根据国务院颁发的《全民所有制工业企业设备管理条例》进一步修改制定成中国石油化工总公司《工业企业设备管理制度》。

《石油化工设备维护检修规程》最早是石油工业部1963年颁发的，燃料化学工业部1973年重新修订颁发。中国石油化工总公司1991年又一次组织编制修订，这次修订涉及了绝大部分石油化工设备，共有500个单项规程，168个单行本，9个合订本。1998年重新改组的中国石油化工集团公司成立后，2004年又进行了第三次修订。随着石油化工企业的不断壮大和技术发展，石油化工生产装置和设备类型越来越多，针对不同设备类型和不同检维修管理项目，有关设备检修规程也在不断增加和完善，2020年进行了第四次修订。

四、传统优秀的设备管理经验和方法

石油化工企业经过70多年的发展，在设备管理方面形成了许多好的传统和经验，其中许多经验和教训都是用生命换来的，经过一代又一代设备管理者的不断完善和提高转变成制度继承下来。

例如设备“创完好”活动，就是大庆会战时期在总结事故教训时创立的好经验、好做法。岗位责任制大检查中，检查设备是否完好以及岗位设备的完好率，也作为岗检评比的主要指标之一。《炼油厂设备完好标准》经过不断发展形成了“完好泵房”“完好仪表操作室”“完好变电所”“完好压缩机室”“完好炉区”“完好罐区”“完好换热器区”等。

1975年石油化学工业部成立后，将设备完好率和静密封泄漏率作为衡量企业设备管理的技术指标，各企业定期上报，同时开展了“无泄漏工厂”“无泄漏装置(区)”等活动，促进了生产装置静密封管理的提高。

在机组管理方面，形成了适用于大机组的“机、电、仪、操、管”五位一体的“特级维护”制；润滑管理方面的“五定”(定点、定时、定质、定量、定期清洗换油)、“三级过滤”(从领油桶到岗位油桶、从岗位油桶到油壶、从油壶到加油点都要过滤)润滑制度；台台设备实行操作人员及维修人员的包机制等。

大检修管理方面，形成了准备工作“六落实”(工程任务落实、设计图纸落实、器材设备落实、施工力量落实、施工机具落实、技术安全措施落实)，维修现场“两图一表”(施工检修网络图、施工现场布置图、施工项目计划表)，检修施工场地“三不见天”“三不落地”“三条线”“五不乱用”“三净”“两清”，大检修工作“三不交工”“四不开车”等。

在现场管理方面，形成了“一平、二净、三见、四无、五不缺”。“一平”，即地面平整；“二净”，即门窗玻璃净、四周墙壁净；“三见”，即沟见底、轴见光、设备见本色；“四无”，即无垃圾、无杂草、无废料，无闲散器材；“五不缺”，即保温油漆不缺、螺栓手轮不缺、门窗玻璃不缺、灯泡灯罩不缺、地沟盖板不缺。多年来，这些优秀传统经验为提高企业设备管理水平起到了重要作用。

五、石油化工装置长周期运行

生产装置的长周期运行水平，是石油化工企业综合水平的具体体现，更是设备管理水平的直接体现。炼油装置与化工装置的长周期运行水平有所不同，主要是因为炼油技术的发展基本上走的是我国自主研发的路线，无论是设计还是装备制造均立足于国产；化工装置尤其是乙烯装置在发展初期，基本上是全盘引进国外先进技术和设备，所以炼油装置基于自身的特点其长周期运行水平低于化工装置。

炼油生产装置从20世纪六七十年代开始的“一年一大修，大修保一年”，到八九十年代“三年两修”、21世纪初的“两年一修”，一直到“十二五”时期的“三年一修”，“十三五”时期的“四年一修”，经历了很不平凡的过程。

进入21世纪初，我国炼油生产装置基本实现了“两年一修”。乙烯装置基本实现“三年一修”。2004年，济南炼化公司率先实现了全厂“三年一修”的目标，成为炼油企业长周期运行的先行者，同年中国石化炼油板块在济南炼化公司召开长周期运行会议，提出了全面向“三年一修”迈进的目标。

2005年，茂名石化乙烯装置创造了连续运行79个月无大修的纪录，中国石化化工板块在茂名召开长周期运行会议，提出烯烃装置全面向“四年一修”迈进的目标。

2004年开工建设的海南炼化公司800万吨/年新型炼油厂，2006年投产后，第一个周期就连续运行了三年，成为我国炼油发展史上的一个里程碑，标志着我国在炼油技术的工艺设计、装备制造、安装技术、运行管理等全方位达到了一个新高度。2010年开工建设的北海炼化公司(炼油能力：500万吨/年)，2012年建成投产，第一个周期连续运行四年，标志着我国炼油技术的发展又上升到了一个新的台阶。

在“十三五”期间，中国石化炼油企业已有15家企业实现了全厂性的“四年一修”，化工企业已经全面实现“四年一修”，部分企业达到了“五年一修”。中国石油也有3家炼油企业实现了“四年一修”。在“十四五”规划中，中国石化炼油、化工装置将全面向“五年一修”的国际先进水平挺进。

六、石油化工装置检维修队伍

石油化工企业检维修力量是随着石油化工企业的发展同步发展起来的，各石油化工企业的检维修力量是以车间或以厂为单位与企业共融一体，1998年中国石化集团和中国石油集团重组后，为实行股份制企业改革，检维修力量作为辅业和石化主业分离。2001年中国石化上市，2007年中国石油上市，检维修队伍均留在了存续公司。其后中国石化检维修队伍继续进行社会化改制；2008年除少数企业电仪专业维修人员留存外，检维修队伍完成社会化改制；中国石油检维修队伍则重归股份公司，恢复到以前模式。

中国石化检维修队伍在社会化改制后，在经历了最初的阵痛，开始了自强自立，依托原母体公司的“三年支持”不断开拓社会市场，在市场中经受锻炼，增加自身竞争力，无论是人员总数还是检维修能力都有了快速的发展，在国内形成了数支具有相当实力的石化检维修专业力量，为我国现代化炼化企业的建设做出了贡献。

从21世纪建成的海南炼化、青岛炼化、北海炼化、广西石化、四川石化以及中海油、神华、大唐、中化等石油化工企业建设情况看，新的石油化工企业均不再设立检维修机构，检维修工作均是委托已社会化的检维修队伍承担。

七、设备完整性管理体系建设的必要性

我国石油化工企业经过几十年的发展，在设备管理方面积累了大量丰富的经验，创立了很多行之有效的管理方法和管理手段，但是这些管理仅仅以制度和经验的方式存在，没有形成完整的体系和标准。

进入21世纪以来，随着我国经济的发展和对外开放力度的加大，国内石油化工公司与世界许多国际能源化工公司成立了合资石油化工企业。从这些合资石油化工企业的管理看，无论在国内还是在国外，其管理均是采用国外公司的管理体系，主要是因为我们还没有形成自己的完整管理体系。

2013年中国石化在设备管理方面，为进一步提升管理水平，为长周期安全运行打下更好的基础，开始向国际先进的能源化工公司学习设备管理方法，率先在武汉石化公司和济南炼化公司试点创立具有自身特色的设备完整性管理体系。经过四年的试点创新，2017年发布了《中国石化设备完整性管理体系》V1.0版，该体系融合了机械完整性理论，借鉴了GB/T 33173/ISO 55001体系化管理思想，形成了以KPI绩效为引领、以风险管控为中心、以“可靠性+经济性”为原则、以全生命周期运行为主线、以标准化业务流程为依据、以信息技术为依托的一套具有中国特色的设备管理体系。该体系传承我国石化传统设备管理文化，引进和创新设备管理理念和技术，并使之有机融合为一体。中国石化2018年在镇海炼化等9家企业推广建设该体系，2020年全面向所属企业推广。中国海洋石油也在合资公司管理经验的基础上，2016年在惠州石化公司开展设备完整性管理体系建设，取得了较好的成绩。中国石油也在炼化企业开始了设备完整性管理体系建设的试点工作。设备完整性管理体系受到越来越多设备管理者的认可，在这套体系的实践过程中不断创新完善，不断引领我国设备管理的前进方向。

第二节　设备完整性管理的起源与发展

一、设备完整性管理的起源

1. 完整性和完整性大纲概念的起源

1972年，完整性和完整性大纲概念最早出现于美国空军军用标准MIL-STD-1530《飞机结构完整性大纲(ASIP)》中。以后美国军方陆续在发动机结构、电子设备、机械设备、软件开发等方面颁发一族完整性大纲：1984年《发动机结构完整性大纲(ENSIP)》、1986年《航空电子设备完整性大纲(AVIP)》、1988年《机械设备与分系统

完整性大纲(MECSIP)》、1988年《软件开发完整性大纲(SDIP)》等。

该大纲中完整性是反映设备效能的综合设计特性，是安全性、可靠性(耐久性)、维修性等设备特性的综合。完整性(管理)大纲是设备研制、生产和使用管理的系统性方法，其目的是以最佳的全生命周期费用保证所需的完整性，以满足设备效能要求。

2. 石化行业完整性概念的来源

随着完整性理念的发展，20世纪90年代，完整性管理开始应用于石油石化行业。1992年2月24日，美国劳工部职业安全与健康管理局(OSHA)颁布了《高度危险性化学品过程安全管理》法规(CFR 29 Part 1910.119，美国联邦法规第29章第1910条119款)，该过程安全管理(PSM)法规包括员工参与、过程安全信息、过程危害分析、操作程序、培训、承包商管理、开车前安全审查、机械完整性(Mechanical Integrity，简称MI)、动火作业许可、变更管理、事故调查、应急响应计划、安全审核和商业秘密14个要素，其中机械完整性是第8个要素，指出关键工艺设备的机械完整性对于预防工艺安全事故至关重要。因此，需要确保关键设备的正确设计、安装和合理操作来确保"妥善容纳工艺物料"。

石化工业的设备完整性管理的概念是在过程安全管理的需求下得到发展并逐步成熟起来的，规避重大安全事故是设备完整性的重要出发点。几十年来，设备完整性活动已经成为工业过程预防事故、保持生产力的一种有效方法(长周期运行)。在过去几十年，世界范围内重大危险化学品事故不断发生，一方面引起各国政府监管部门的高度重视，相继颁布或更新相关法律法规和标准规范，用于预防和遏制重大危险化学品事故的发生；另一方面也表明，单纯应用工程技术无法有效杜绝意外危险化学品事故的发生，必须辅以完整而有效的系统化管理方法。过程安全管理(PSM)就是在该背景下建立的。化工过程安全管理紧紧围绕过程安全风险管控，全面、科学总结化学品事故的影响因素，确定了化工企业防范事故的管理要素和原则要求。化工发达国家30多年的实践证明，过程安全管理是国际先进的流程工业事故预防和控制方法，全面提升化工过程安全管理水平，是有效遏制安全生产事故，特别是遏制重特大事故发生的重要抓手。

2004年英国标准协会(BSI)及资产管理协会(IAM)首次颁布了PAS 55资产管理标准，包括：PAS 55-1：2004《资产管理：第1部分 固定资产优化管理规范》、PAS 55-2：2004《资产管理：第2部分 PAS 55-1实施指南》。2008年进行了更新，包括：PAS 55-1：2008《资产管理：第1部分 固定资产优化管理规范》、PAS 55-2：2008《资产管理：第2部分 PAS 55-1实施指南》。

PAS 55资产管理标准主要内容包括：

0 简介；

1 资产管理范围；

2 引用标准；

3 术语和定义；

4 资产管理体系要求：

4.1 总体要求；

4.2 资产管理方针；

4.3 资产管理策略、目标和计划；

4.4 资产管理能力和控制；

4.5 资产管理计划实施；

4.6 绩效评估和改进；

4.7 管理评审。

资产管理实施方法遵循 PDCA 循环，如图 1-1 所示。

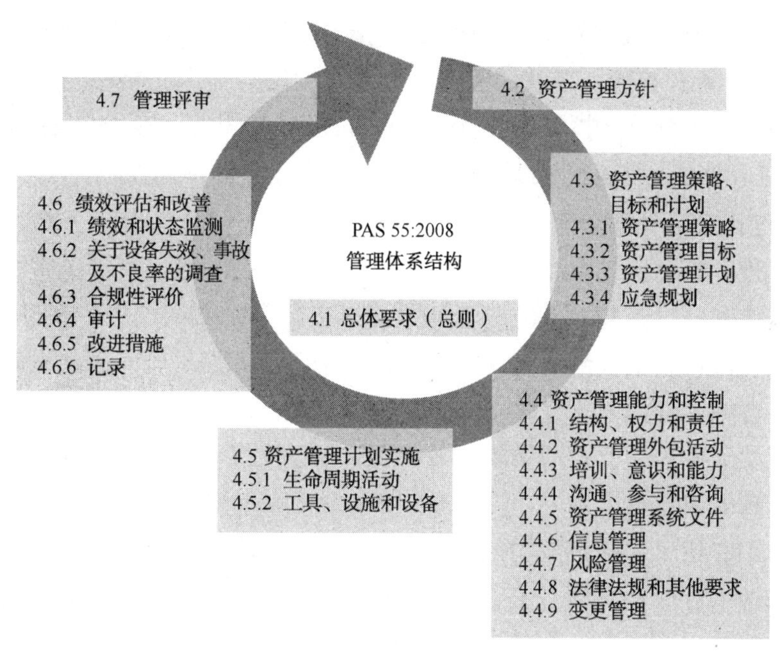

图 1-1 资产管理实施方法

3. *石化行业机械完整性的发展*

2006 年，在过程安全管理需求的推动下，美国化学工程师协会化工过程安全中心（CCPS）出版了《机械完整性体系指南》，包括引言、管理职责、设备选择、检验测试和预防性维修、设备完整性培训方案、设备完整性纲领性程序、质量保证、设备缺陷管理、特定设备完整性管理、完整性项目执行、风险管理工具、完整性项目持续改进等共 13 章内容。机械完整性，又称设备完整性，是一套用于确保设备在生命周期中，保持持续的耐用性和功能性的管理体系。机械完整性中所指的设备是广义的，包括固定设备、转动设备、减压及排气系统、仪器仪表与控制、加热设备、电力系统、消防系统等，一旦设备失效或故障，会引起过程安全事故。机械完整性管理体系至少包括设备选择、检验测试和预防性维修、设备完整性培训、设备完整性作业程序、质量保证和设备缺陷管理6大要素。执行机械完整性管理体系是在设备全生命周期内，要确保正确的设计、制造和安装设备；在设计界限内运行设备；根据审批的作业程序，由有资质的人员如期完成设备检验、检测工作；维修工作应该遵照规范、标准和制造商建议；采取相应的措施来解决设备缺陷和不足等。

2014年1月国际标准化组织(ISO)以英国PAS 55为基础，颁布了ISO 55000国际资产管理标准族，ISO 55000族标准是国际标准化组织发布的第一个针对资产管理的管理体系系列标准。包括：ISO 55000：2014《资产管理—综述、原则和术语》、ISO 55001：2014《资产管理—管理体系—要求》、ISO 55002：2014《资产管理—管理体系—ISO 55001应用指南》。

2016年，美国化工过程安全中心出版了《资产完整性管理指南》，该书是《机械完整性体系指南》的更新和扩展，涉及过程工业中固定设施的资产完整性，属于过程安全和风险管理系统的一部分，从机械完整性(Mechanical Integrity，简称MI)到资产完整性管理(Asset Integrity Management，简称AIM)的变化反映了管理的发展趋势，这个变化与CCPS最新的过程安全管理指南的要素基本一致。同时CCPS认为还有更多的资产需要进行完整性管理。本书首先介绍了资产完整性管理的基础，涉及资产完整性管理定义和目标、管理人员和公司其他人员的角色和职责、资产全生命周期中完整性管理的活动、资产损伤和退化的评估、检测和管理，以及选择纳入资产完整性管理的设施应该考虑的因素。其次，介绍了开展资产完整性管理时需要实施的系列活动，包括检验、检测和预防性维修、相关人员培训、资产完整性管理程序建立、质量管理、设备缺陷处理措施、资产完整性管理方案审核。本书还详细介绍了不同类型设备进行资产完整性管理的具体方法。同时本书介绍了实施资产完整性管理所需的资源和数据管理系统、管理体系的绩效指标和持续改进，以及有助于制定资产完整性管理相关决策的风险分析技术。两本图书的章节对比详见表1-1。

表1-1 《机械完整性管理体系指南》和《资产完整性管理指南》章节对比

《机械完整性体系指南》章节	《资产完整性管理指南》章节
引言	引言
管理职责	管理职责
	资产完整性管理寿命周期
	失效模式和机理(ITPM)
设备选择	资产选择和重要性确定

续表

《机械完整性体系指南》章节	《资产完整性管理指南》章节
检验、检测和预防性维修	检验、检测和预防性维修
	制定测试和检验计划的方法
设备完整性培训方案	资产完整性管理培训和效果验证
设备完整性纲领性程序	资产完整性程序
质量保证	质量管理
设备缺陷管理	设备缺陷管理
特定设备完整性管理	特定设备完整性管理
完整性项目执行	资产完整性管理项目执行
完整性项目持续改进	计量、审核和持续改进
风险管理工具	其他资产管理工具

2016 年 10 月国家标准化管理委员会以国际标准化组织颁布的 ISO 55000 国际资产管理标准族为基础，建立了我国资产管理体系系列标准，包括：GB/T 33172—2016《资产管理 综述、原则和术语》、GB/T 33173—2016《资产管理 管理体系 要求》、GB/T 33174—2016《资产管理 管理体系 GB/T 33173 实施指南》。资产管理体系的主要章节内容如表 1-2 所示。

表 1-2 GB/T 33173—2016《资产管理 管理体系 要求》主要章节

章条号	章条标题
	前言
	引言
1	范围
2	规范性引用文件
3	术语、定义
4	组织环境
4.1	理解组织及其环境
4.2	理解相关方的需求与期望
4.3	确定资产管理体系的范围
4.4	资产管理体系
5	领导作用
5.1	领导作用和承诺
5.2	方针
5.3	组织的角色、职责与权限

续表

章条号	章条标题
6	策划
6.1	资产管理体系中应对风险与机遇的措施
6.2	资产管理目标和实现目标的策划
6.2.1	资产管理目标
6.2.2	实现资产管理目标的策划
7	支持
7.1	资源
7.2	能力
7.3	意识
7.4	沟通
7.5	信息要求
7.6	文件化信息
7.6.1	总则
7.6.2	创建与更新
7.6.3	文件化信息的控制
8	运行
8.1	运行的策划与控制
8.2	变更管理
8.3	外包
9	绩效评价
9.1	监视、测量、分析与评价
9.2	内部审核
9.3	管理评审
10	改进
10.1	不符合项和纠正措施
10.2	预防措施
10.3	持续改进

国际标准ISO 55000：2014《资产管理—综述、原则和术语》、ISO 55001：2014《资产管理—管理体系—要求》、ISO 55002：2014《资产管理—管理体系—ISO 55001应用指南》，国标GB/T 33172—2016《资产管理 综述、原则和术语》、GB/T 33173—2016《资产管理 管理体系 要求》、GB/T 33174—2016《资产管理 管理体系 GB/T 33173实施指南》，美国CCPS（化工过程安全中心）出版的《资产完整性管理指南》和《机械完整性体系指南》等，共同构建了企业资产完整性管理体系建设的重要依据。

二、设备完整性管理的发展

1. 国际上设备完整性管理发展趋势

早期的设备管理主要是设备维修管理，设备维修管理开始于20世纪30年代，经过了事后维修、定时维修、状态维修、预测维修等方式的转变。在设备维修方式发展的基础上，从行为科学、系统理论的观点出发，于60年代又形成了设备综合管理的概念，先后出现了后勤学、设备综合工程学、全员生产维修等理论，它是对设备实行全面管理的一种重要方式，是设备管理方面的一次革命。90年代以后，国外石油石化企业推行完整性管理，以风险理论为基础，着眼于系统内设备整体，贯穿设备生命周期全过程管理，综合考虑设备安全性、可靠性、维修性及经济性，采取工程技术和系统化管理方法相结合的方式来保证设备功能状态的完好性，用于预防和遏制重大危险化学品事故的发生。

国外知名炼油及化工企业推行设备完整性管理，采取技术改进和规范管理相结合的方式来保证设备功能状态的完好，实现设备安全、可靠、经济地运行。国际设备管理呈现两大特点：一是经过事后维修到预测维修方式的转变，进入全员参与及追求寿命周期经济费用(LCC)最低的综合管理阶段，目前已经进入基于风险的设备设施完整性管理的现代设备管理阶段；二是继承所有历史发展阶段优点，设备管理集成化、全员化、计算机化、网络化、智能化，设备维修社会化、专业化、规范化，设备要素市场化、信息化等。具体表现在以下五个方面：

(1) 基于风险的设备完整性管理

西方国家自20世纪60年代起开始研究和采用预防维修策略，80年代开始研究和应用预测维修策略，90年代初期研究和应用基于可靠性的维修，90年代中期研究和应用全员生产维修(TPM)，进入21世纪，研究和应用基于风险的不同技术组合的维修策略。设备管理经过维修方式的转变，进入追求寿命周期经济费用(LCC)的综合管理，现在进入设备设施完整性管理的现代设备管理阶段。完整性管理是以风险理论为基础，着眼于系统内设备整体，贯穿设备寿命周期全过程管理，综合考虑设备安全性、可靠性、维修性及经济性等，通过改进工程技术和规范体系管理相结合的方式来实现的，是动态的、不断的持续改进。

(2) 特色化的设备完整性管理

SHELL认为成功的设备完整性管理系统是设计完整性、技术完整性和操作完整性的组合，包含S-RCM、S-RBI、IPF(仪表保护功能)、Civil RCM四个方面的技术支撑，如此达到设备全方位管理。

BP在设备完整性管理体系程中，整合了腐蚀控制、完整性操作窗口、腐蚀流分析、RBI、IDMS(智能设备监控系统)等先进技术。

埃克森美孚 OIMS 体系强调了过程安全中的信息资料、工艺操作与设备维护、机械完整性、操作界面管理。RS 体系关注可靠性和维护绩效要素的有效管理方面，对 OIMS 管理体系进行了补充。

(3) 综合、集成化的设备完整性管理平台

随着信息化技术的高速发展，企业设备管理也在随之发生深刻的变化，经过自动化和网络信息化，进入数字化和智能化。设备管理平台的建立不但是一个信息化建设的过程，同时也是设备专业管理集成和提升的过程，不仅要引入 CBM、TPM、RCM 等先进的管理理念，还需要通过对设备的运行状态进行跟踪，建立设备设施完整性管理数据库，实现设备设施各生命周期阶段的数据统一管理等。结合科学的检测、分析手段，将基于风险的管理、绩效管理、全生命周期管理、预知维修等的内容融入其中，通过设备选、用、管、修的管理层面，保证设备长周期安全运行，为科学化、智能化的决策分析管理提供依据，有效提升综合决策分析能力，帮助设备管理人员提高管理水平。

(4) 风险评估技术

风险评估技术是设备管理的有力工具。HAZOP、QRA、LOPA、RBI、RCM、SIL、FFS 等风险技术是风险管理的基础，国际上已普遍使用，如何将风险管理理念贯彻到设备管理中，将风险工具应用到设备全生命周期管理过程中值得思考。近年来，设备风险管理技术发展迅速，相继出现了 RAM、IOW 等技术，管理形式由被动逐步向主动转变，极大提高了设备风险管理水平。

(5) 监检测技术

先进的监检测技术是设备管理的基础。机泵智能监测预知维修平台、基于物联网技术应用和智能管控系统的点检仪开发和应用、在线壁厚测量和腐蚀监测仪器、水冷器在线泄漏监测、轨道式移动监测、智能行走机器人巡检、基于声学的设备运行状态监测等技术的开发应用，为实现设备完整性管理奠定坚实的基础。

2. SHELL 公司设备完整性管理体系建设

(1) SHELL 公司设备完整性管理体系架构

SHELL 认为成功的设备完整性管理(AIM)系统是设计完整性、技术完整性和操作完整性的组合。SHELL 汇编形成了多项设计和工程实践，是 SHELL 在安全和可靠性方面的工业设计、工程标准和设计规范的多年积累。在勘探、钻井、采油、工艺、运输、储存危险物质或能源方面有强制性技术标准，采用严格的过程对任何偏离这些强制性技术标准的行为进行审查和变更管理。制定了过程安全方面的强制性技术标准，又根据其他工业事故调查报告中的建议对这些标准进行完善，如 Baker 报告的得克萨斯城事故——临时移动式建筑的安全选址指导和如何避免液体物料通过泄压装置释放到大气中。

目前，对于如何提高设备可靠性、可用性，延长设备使用寿命，减少非计划停工和维修事件，降低操作成本等方面，SHELL 公司的设备完整性管理走在世界前沿，能有效应对原油劣质化带来的问题，实现对设备安全的有效监管。S-RCM、S-RBI、IPF(仪表保护功能)、Civil RCM 等技术已被广泛延伸到上游采油设备、近海海上平台、输运管道、LNG 设备、炼油厂及化工厂很多装置设备中。

(2) SHELL 公司设备风险及可靠性管理(RRM)

对于风险及设备设施管理，SHELL 公司提出了创新思路和技术路线，即风险及可靠性管理(RRM)，见图 1-2。在这个管理体系中，包含四个方面的技术支撑：

- S-RCM 为装置提供基于风险的检维修策略；
- S-RBI 为压力容器等提供基于风险的检验；
- IPF(仪表保护功能)提供仪器仪表检验维护的频率；
- Civil RCM 为公用工程系统提供基于风险的检验。

如此达到装置设备全方位的管理。

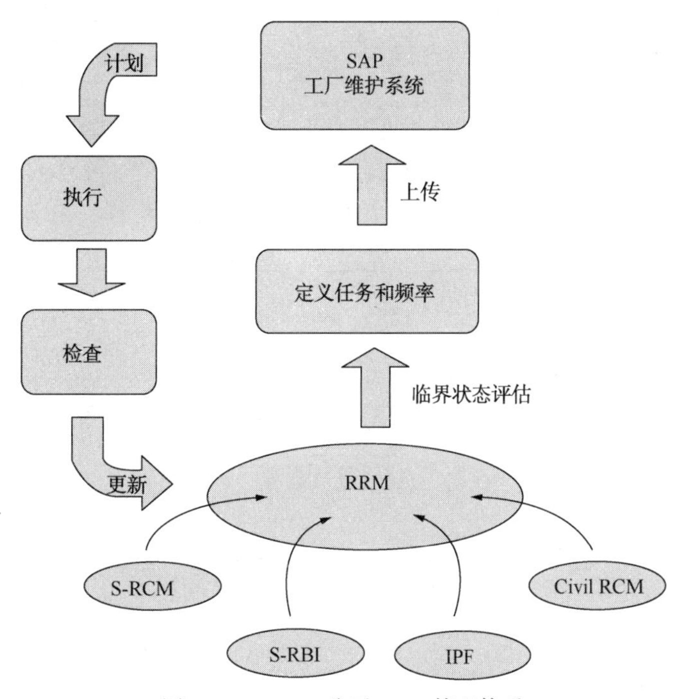

图 1-2 SHELL 公司 RRM 管理体系

对于风险及可靠性管理，SHELL 提出了“Bow-Tie 领结模型”，见图 1-3、图 1-4。

这一模型用于识别评估 HSE 有害因素，用于评估并实施补救措施，以求将危害及风险降到最低。

同时，为所有的风险隐患及危害设置“Barrier”屏障，见图 1-5。这些屏障就是针对设备设施管理的具体技术，包括 S-RBI\IPF\RCM\ESP 等。

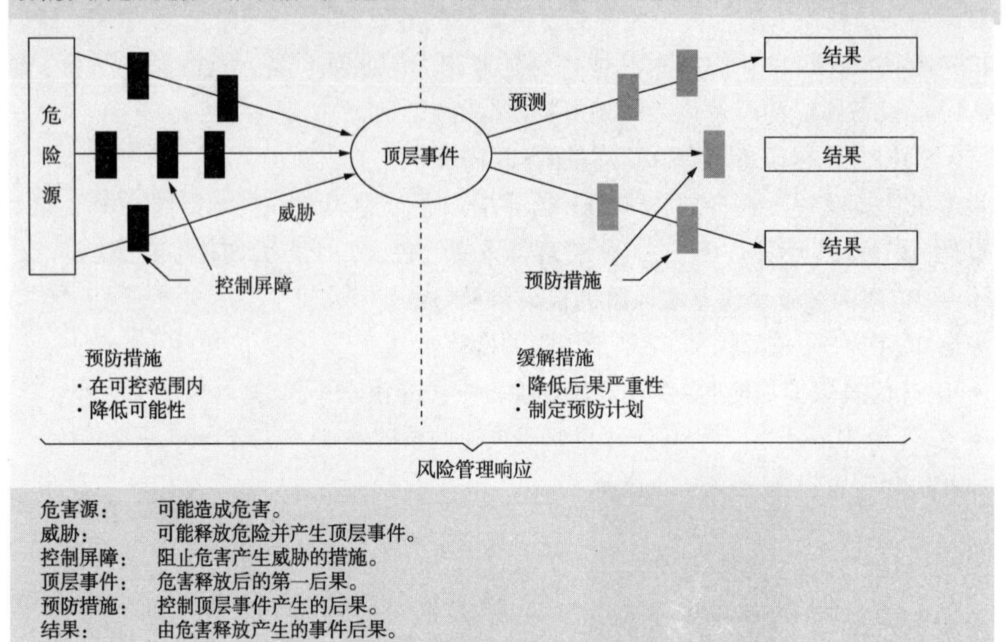

图 1-3　SHELL 公司提出的“Bow-Tie 领结模型”(1)

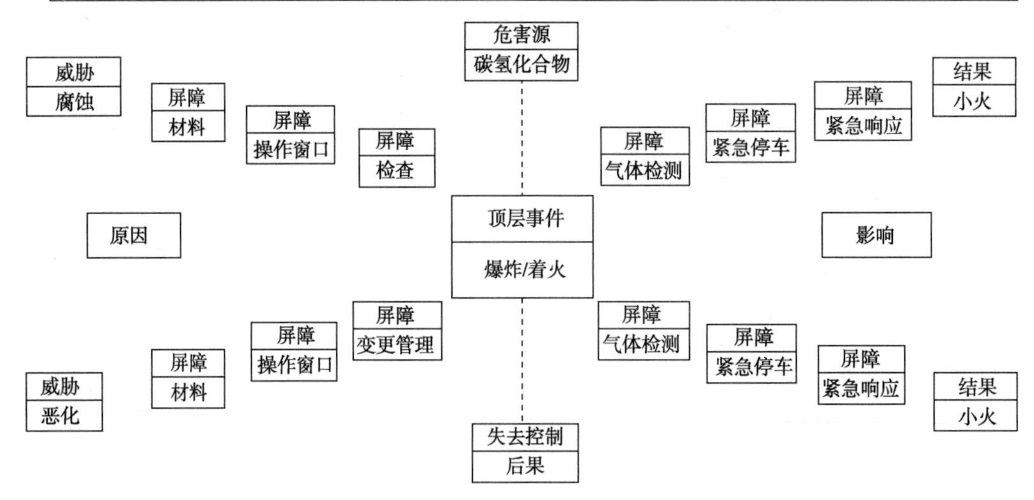

图 1-4　SHELL 公司提出的“Bow-Tie 领结模型”(2)

连接到生产工作过程中

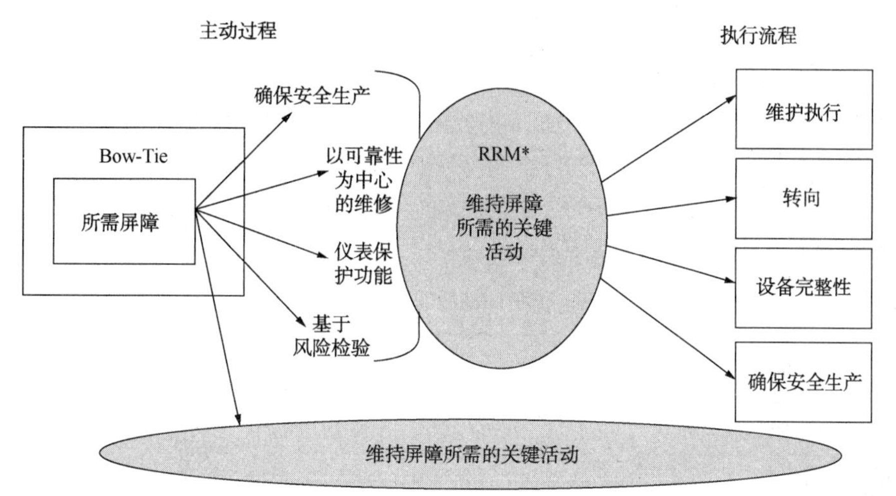

紧急响应、变更管理、能力管理、工作许可证、文档管理、HSE合规、承包商管理、个体防护装备。

其他工作流程之间的联系也非常重要！

*RRM是一个壳牌的商标：风险和可靠性管理；ME:维护执行；TA:转向；EI:设备完整性；ESP:确保安全生产。

图 1-5　SHELL 公司提出的“Bow-Tie 领结模型”消除“障碍”支撑技术

针对 S-RBI 技术，SHELL 还提出了风险分析评估的风险评估矩阵(RAM)，见图 1-6。分级别列出失效可能性，从经济核算、HSE 各方面列举出可能的后果严重性，以此综合评估整个设备设施的可能存在和面临的风险。

危害程度的评估(RAM，风险评价矩阵)

失效容易程度			危害程度				
可能性分类	H	很容易退化	低	中高	高	重大	重大
	M	在正常情况下容易退化	低	中	中高	高	重大
	L	在干扰情况下容易退化	轻微	低	中	中高	高
	N	在任何可预见的情况下都不容易	轻微	轻微	低	中	中高
后果分类	经济		无/轻微损坏	轻微损坏	局部损坏	重大损伤	巨大损伤
	健康&安全		无/轻微伤害	轻微伤害	重大伤害	单一死亡	多人死亡
	环境		无/轻微影响	轻微影响	局部影响	重大影响	巨大影响
后果分类			可忽略	低	中	高	极高

RAM=风险评价矩阵

N=轻微　L=低　M=中　MH=中高　H=高　E=重大

图 1-6　SHELL 公司风险评估矩阵

(3) SHELL公司在设备完整性方面技术研发成果

SHELL公司在设备完整性方面的技术研发取得了很好的成果，见图1-7。

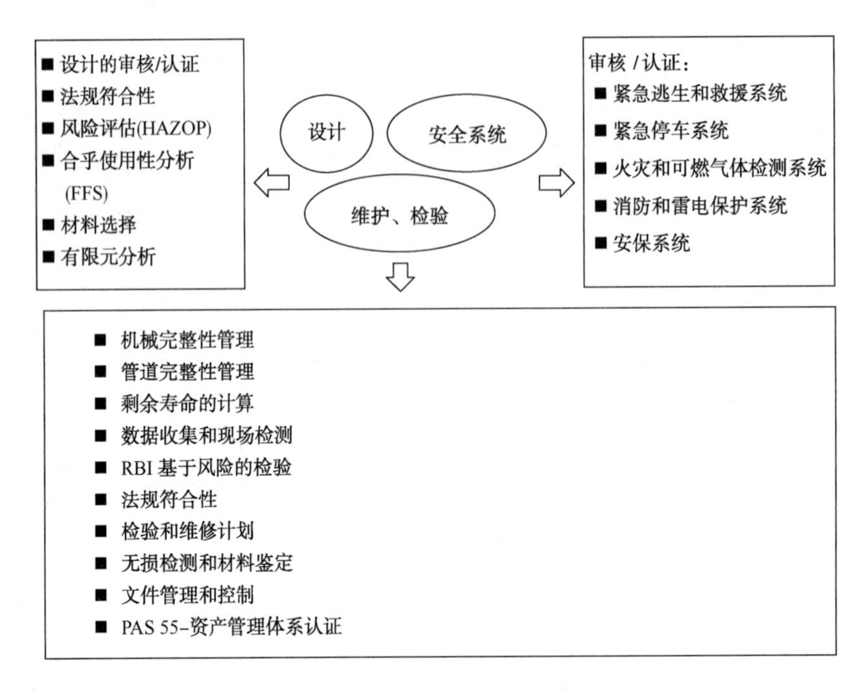

图1-7 SHELL公司完整性成果

为了达到最好的设备完整性管理目标，SHELL公司还在工程设计、安保系统、检验维护等方面集成了众多的技术，用于支撑完整性管理目标的实现，这些技术包括：设计阶段的设计认证、风险评估(HAZOP)、服务适应性(FFS)评估、材质特性分析、有限元分析等；全保系统方面的紧急逃生救援系统、紧急停车系统、火焰气体检测系统、点火系统、安全系统等；以及维护检验方面的机械完整性管理、管道完整性管理、剩余寿命分析、数据采集、基于风险的检验、检维修计划、材料无损检测、文件管理及控制、资产管理系统审核等。

随着时间推移，设备的完整性会因多种原因而降低。SHELL开发了两个方法来对完整性进行评估，称之为FAIR(Focused Asset Integrity Reviews)。

FAIR+ER：对设备的完整性指标进行评估。对设备状态进行评估，首先定义设备的用途和功能，采用统一、可重复的模型进行评估。

FAIR+MS：对管理系统的有效性进行评估。对完整性管理体系进行结构化的审核，并针对特定的资产类型开发了不同的审核模块。如静设备管道、仪器仪表、动设备、油田、管道和离岸设施结构等模块。

3. BP公司设备完整性管理体系建设

BP公司(Texas City Refinery)实施承压设备完整性管理(PEI)，见图1-8。

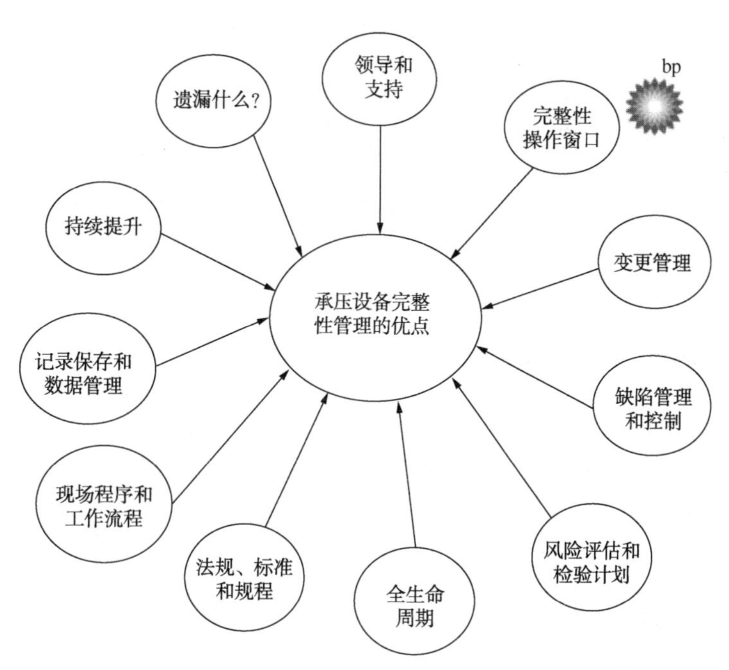

图 1-8 BP 公司实施承压设备完整性管理

BP 公司在设备完整性管理过程中，整合了腐蚀控制计划、完整性操作窗口、腐蚀回流、基于风险检验、完整性驱动的监测系统等先进技术，见图 1-9。

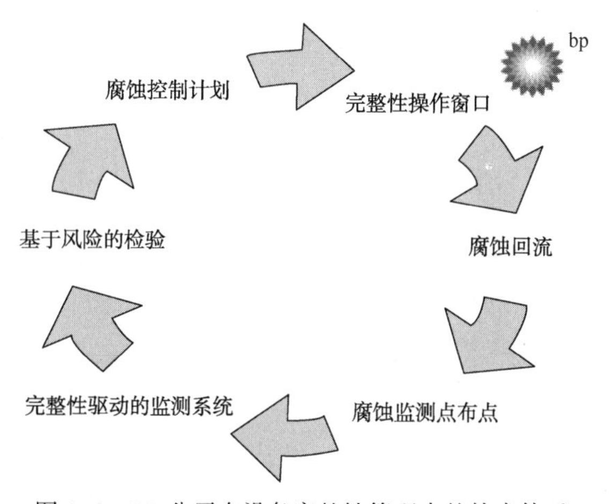

图 1-9 BP 公司在设备完整性管理中的技术体系

4. 国内某合资石化公司设备管理与维修模式

该公司创新了设备管理与维修模式，是为进一步提高设备管理水平，保证设备本质安全，达到装置安全稳定长周期运行的目的。同时不断加强“三基”和各项专业管理工作，深化制度建设，修订设备检修管理程序，完善设备基础数据信息，开拓应用 SAP，开展设备检修管理和备品配件及材料管理，认真组织预防性维修、预知性维修，积极探索应用基于风险的检修技术，开展设备安全性评估。

1）公司设备与维修管理

（1）理念

一是以设备全生命周期管理为基础，计划并实施维修工作；二是以自修为主，外委为辅；三是推进维修集中化、专业化管理进程；同时应用SAP（ERP）系统，进行维修管理与控制。

（2）组织

① 生产与维修的一体化

维修与生产过程一体化运行模式，见图1-10。

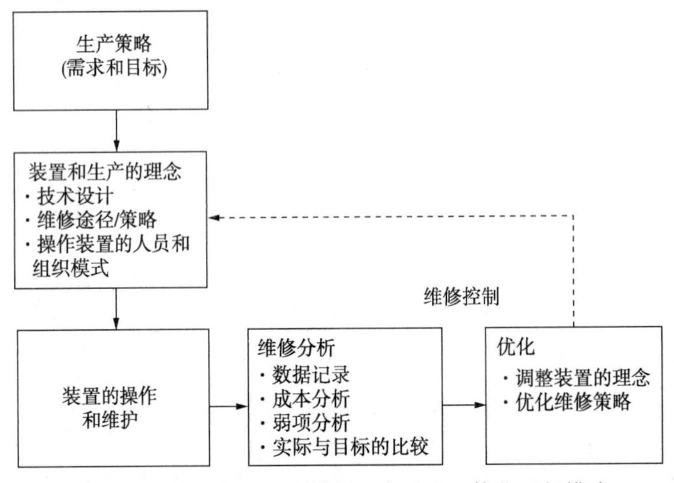

图1-10　某合资公司维修与生产过程一体化运行模式

根据上述运行模式，公司各装置分别由生产装置经理、机械维修经理和电仪维修经理带领其团队共同负责装置的运行和维护检修，见图1-11。

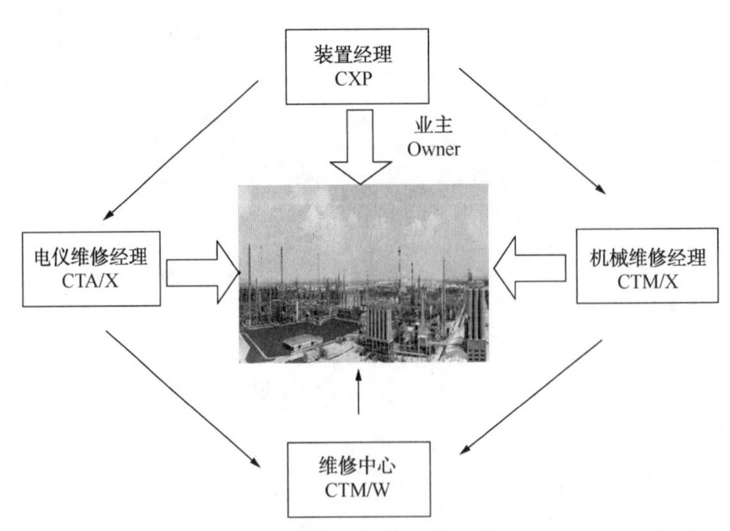

图1-11　装置运行和维护检修的管理模式

该模式明确了业主地位，建立了服务机制。一是装置维修费用进入装置成本中心，从预算到执行纳入成本中心全面预算管理；二是检修、维修的实施时机由装置确定，并发出通知单；三是大型备件策略由生产和维修部门共同制定。

② 设备管理的组织

该公司建立了由能力中心牵头，各装置维修组共同参与的设备管理体系，组织开展各项设备专业管理工作。能力中心的集中与工厂检修组织的分散相协调，保证了资源利用最大化和响应效率的最大化。

- 静设备能力中心：组织协调特种设备管理工作；
- 动设备能力中心：组织协调状态监测、润滑管理、关键机组管理；
- 阀门及机加工中心：组织协调安全阀、呼吸阀、电梯、起重机械及行车的管理工作；
- 材料管理中心：组织协调备品备件及库房管理；
- 自控系统和工艺分析能力中心：负责自控系统支持和在线分析仪器的维护、管理与设计，控制阀检修；
- 高压电能力中心：负责高压电网运行和维护；
- 低压电能力中心：负责低压电方面的维护，为装置电仪维修组提供技术和人员的支持。

③ 检修管理的组织

原则：自修为主，外委为辅。按照装置维修组+能力中心+第三方支持的检修模式，实施检修工作。

具体到工作层面，根据维修类别不同，每类检修的实施方有所区别。对于日常维修，由装置维修组完成；对于中等规模的检修，由装置维修组和能力中心共同配合完成。

对于停车检修、装置消缺，一般由装置维修组、能力中心及第三方(设备制造商及承包商)来完成。一般设备的技术服务，立足于国内；对于公司级关键机组采取国内检修施工力量与国外设备制造商(OEM)技术支持相结合的模式。在选择国内检修施工力量时，按照“内、内、外”的原则，首先选择本公司的检修力量，其次是系统内的检修力量，再次是社会上的其他检修力量。

检修都通过SAP工单来详细计划、领取材料、发出外委请求(SSR)。工单由创建者直接释放，通过对材料的领取和SSR的控制实现对检修的控制。按照审批权限，价值2万元以下的材料和SSR，由工程师或主管审批；2万元到10万元的材料和SSR，由装置维修经理审批；10万元到50万元的由维修总监批准；50万元以上的由CT总经理审批。

检修管理的组织体现了信任与制约的统一。决策程序清晰透明，授权到位；内控制度有效执行；内部审计的实施，保证内控的有效性，详见图 1-12。

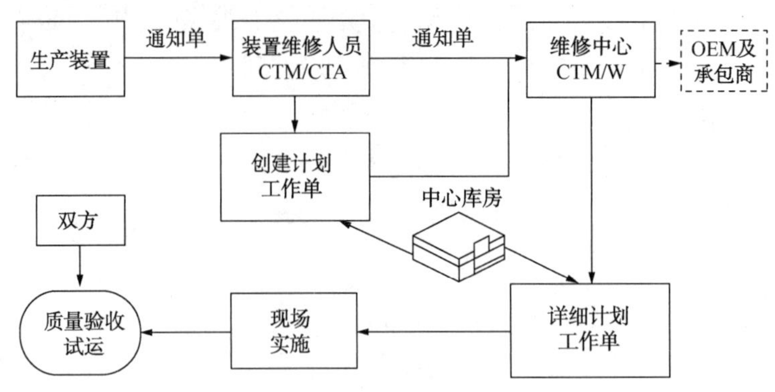

图 1-12　检修管理的组织与程序

(3) 设备管理程序与制度

为规范该公司设备管理和维修工作，夯实“三基”，机械维修方面修订完善了维修及设备管理、固定资产管理、设备润滑管理、特种设备应急预案等设备管理与维修方面的程序 35 个，维修管理报告等指南 2 个，离心压缩机检修、设备状态监测、备件和材料的储备原则、维修成本分析等作业指导书 23 个，发布了设备登记注册表、质量检查确认单、检查与试验计划、离心泵检修记录、设备腐蚀治理记录等报表 85 个。电仪维修方面修订完善了电仪维修等设备管理与维修程序 20 个。制度化、程序化保证设备管理与检修的有序组织。

(4) 维修流程

该公司利用 SAP(ERP)系统开展维修工作，具体流程见图 1-13。

(5) 材料备件管理

① 根据物料清单(BOM)建立库存

各装置工程师建立了每台设备的 BOM，BOM 涉及的 48677 种物料已上载到 SAP 中，由装置工程师和材料备件中心明确按专用或通用分类。装置工程师根据备件的储备原则及经验设定每一项专用物料的安全库存、再订货点及供货周期，定期检查备件库存情况，及时补订消耗的物料，具体流程见图 1-14。通用类物料由材料备件中心设定安全库存并定期运行 SAP MRP 程序，及时补订消耗的物料。

② 国产化

由于该公司大部分设备进口，所需备件进口周期长、价格高。为满足生产需要，降低维修成本，从装置投入商业运行后立即开展备件材料的国产化研究和探索。对于生产运行周期短、有备台的设备，其备件材料优先考虑国产化；对于生产运行周期长且无备台的关键机组则采用原厂备件。

通过以上措施，满足了生产需要，降低了维修成本，提高了设备的可靠性。

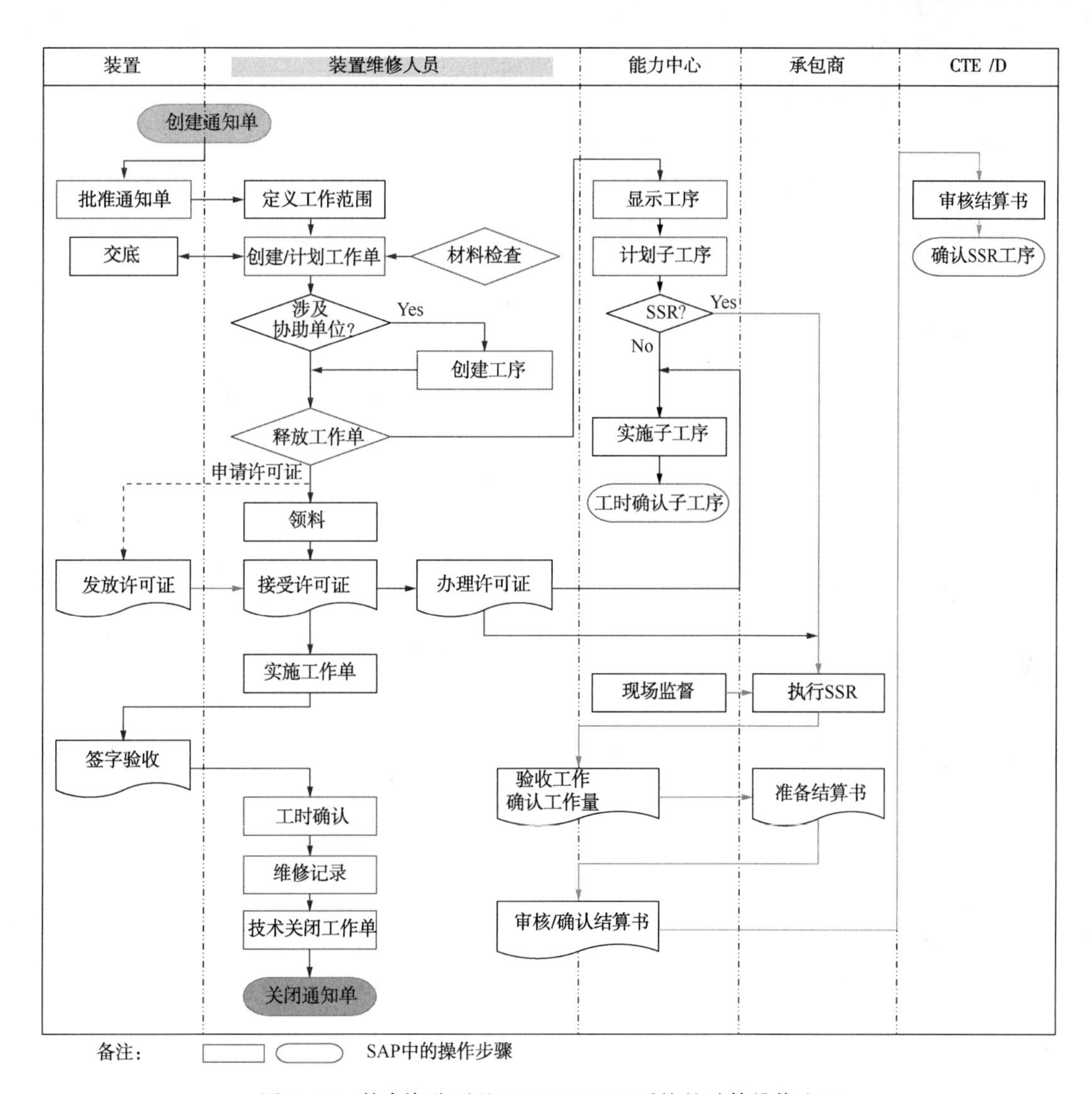

图 1-13 某合资公司基于 SAP(ERP)系统的总体维修流程

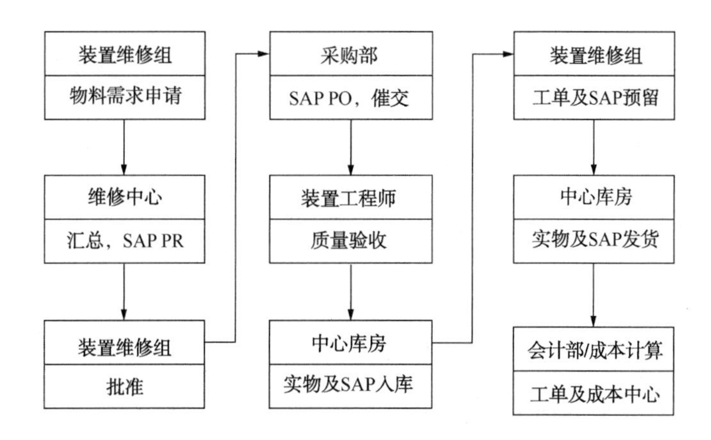

图 1-14 根据物料清单(BOM)建立库存的流程

③ 探索多种库存共享模式，控制实物库存量

依托 BASF 物料管理系统，从申请备件物料号开始，统一编号，实现 BASF 全球范围内的物料信息共享，为实现库存共享奠定了基础。

同时，在一些专业备件厂家建立社会库存，与消耗品供应商建立寄售库存等。通过这些措施，最大限度地降低库存。

④ 库房的设立

为加强对材料备件的集中管理，该公司在维修中心设立了面向全公司的材料备件中心库房。同时，为满足现场检修的便捷需要，各装置设立了小型的应急库房，由中心库房统一管理，做到集中与分散的协调。

(6) 维修控制

为了控制设备管理与维修活动，引入了 BASF 的 7 个维修 KPI 指标，具体见表 1-3。

通过每个月的检修月度报告，总结回顾上个月设备管理和检修工作，分析修理费用使用情况，见表 1-4。KPI 的 7 个指标显示了检修计划的有效性、装置的可靠性及非计划停车情况，显示了内部检修人员的工时利用率，控制减少外委，从而逐步提高计划的有效性和预算的准确性，实现从计划、实施、检查、提高滚动式的改进过程。同时，KPI 也是评价各级人员工作业绩的重要依据。

表 1-3 维修 KPI 指标

No.	KPI(关键绩效指数)	含 义	计算公式	目标
1	维修成本指数	维修成本指数反映了维修成本控制的水平，是指全年的维修成本与装置重置值的百分比	维修成本指数＝年度维修成本/装置重置值	≤2%
2	装置可靠性指数	可靠性指数反映了设备可靠程度，是设备处于可用状态的时间与装置设计运行时间的比例	装置可靠性指数＝1-因设备原因造成的装置停车时间/装置设计运行时间	≥97. 3%
3	平均故障间隔时间	此指数可用来衡量同类设备(如动设备)发生故障的间隔时间，通常按月来表示。一个增加的平均故障间隔时间意味着维修工作的改善和成本的降低	平均故障间隔时间＝在用设备总数/发生故障的设备数量	≥36 个月
4	有效计划工作	此指数用来衡量每月所完成工作工单的计划有效性。常以工单的实际成本与其计划成本比较，差异在 30%以内的工单是有效的计划工单	有效计划工作＝每月有效计划工单的数量/每月所完成的计划工单数量	≥85%
5	紧急维修工作	此指数衡量紧急维修工作的比例，紧急维修需要当天或第二天就实施维修工作	优先级为紧急的工单数量与所有工单的数量之比	≤10%
6	付费加班	此指数反映维修所用的正常工作日之外的工时，换休的时间未考虑在内	所有付费加班时/(正常工作日工时+付费加班工时)	≤10%
7	预算偏差	此指数衡量实际维修成本与计划维修成本的差异	预算偏差＝(实际成本-计划成本)/计划成本	0

表 1-4 2009 年全年各装置维修组的 KPI 指标情况

CTM 人员总数		168	经理	11	工程师	33	主管 & 工长	30	技工		91
2009. 1-12KPI		CTM/A	CTM/B	CTM/C	CTM/E	CTM/OO	CTM/OS	CTM/P	CTM/U	CTM/W	CTM
维修成本指数≤2%	PRV (KRMB)	2279016	6075239	1270858	1420112	978865	682419	2402908	4461183	N/A	19570601
	维修指数	1. 53%	0. 87%	1. 19%	1. 03%	1. 11%	1. 61%	2. 23%	0. 89%	N/A	1. 17%
可靠性指数≥97. 3%	停车时间/h	0	0	0	0	0	0	351	0	N/A	351
	可靠性指数	100%	100%	100%	100%	100%	100%	96%	100%	N/A	99. 4%
平均故障间隔时间(MTBF)≥36 个月	在线转动设备台数	260	267	153	97	123	55	257	366	N/A	1578
	月平均故障次数	6. 8	6	3. 1	1. 5	3. 3	0. 8	5. 9	5	N/A	32. 4
	MTBF(M)	38. 2	44. 5	49. 4	64. 7	37. 3	68. 8	43. 6	73. 2	N/A	48. 7
有效计划工作≥85%	数量	478	454	200	465	43	37	505	264	N/A	2446
	比例/%	65. 2%	67. 1%	89. 3%	100. 0%	95. 6%	92. 5%	96. 2%	64. 5%	N/A	78. 4%
紧急维修工作≤10%	数量	25	3	3	2	0	0	29	10	N/A	72
	比例/%	4. 3%	0. 4%	1. 2%	0. 4%	0. 0%	0. 0%	4. 4%	2. 4%	N/A	2. 2%
预算偏差	预算(KRMB)	31，426	63，217	22，323	16，542	10，158	12，515	41，547	52，917	N/A	250，645
	实际(KRMB)	34，876	53，051	15，132	14，607	10，897	11，019	53，465	39，832	N/A	232，879
	偏离/%	10. 98%	-16. 08%	-32. 21%	-11. 70%	7. 28%	-11. 95%	28. 69%	-24. 73%	N/A	-7. 09%
付费加班≤7%	工作能力/H	25,676	40,000	26,000	24,000	23,352		26,840	40,000	132,776	338,640
	加班总数/H	1，362	4，370	607	617	607		2，111	1，086	5，921	16，680
	加班率/%	5. 31%	10. 92%	2. 34%	2. 57%	2. 60%		7. 86%	2. 72%	4. 46%	4. 93%

PRV—装置重置值。

通过上述数据发现有效计划工作的比例只有 78%，需要进一步提高主管和工程师对工单的计划水平，不断优化的绩效考核指标(KPI)保证了明确的工作指引。

2）设备专业管理

（1）专业管理队伍的建立

建立以能力中心为主的专业管理组织，每个能力中心下设若干个专业组，以设备全生命周期管理为基础，参加设备的设计、选型、制造、安装、试车、运行维护、改造和更换报废工作。专业组的主要职能：参与设备选型、制定设备采购的技术要求、验收到达的设备和备件；推动设备的技术改造、推广运用新技术、新材料；确定备件策略；开展对报废和闲置设备的技术鉴定和性能评估；解决装置的疑难问题、设备瓶颈；提出进口材料备件的国产化方案；组织技术培训、交流；编制和审核检修方案。

专业组工作方式，见图1-15。设备管理与维修的一切活动均以"装置维修组"为主导。由装置组发现问题、组织讨论，编制书面的解决方案，并实施和跟踪，各专业组给予支持。最终解决方案必须经维修经理和总监审核批准。

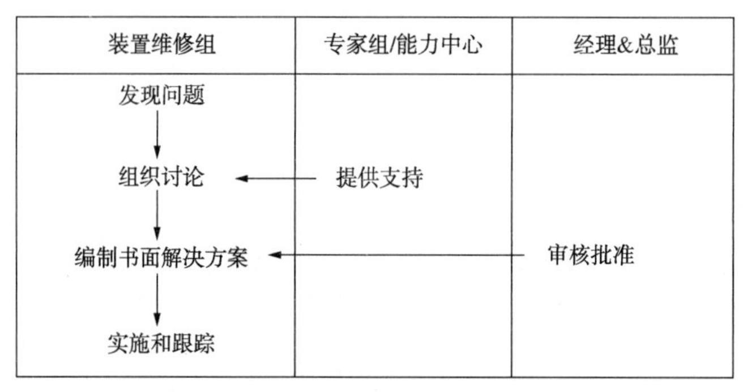

图1-15 专业组工作方式

静设备能力中心：组织协调特种设备管理、特殊材质的焊接技术、工业清洗等。下设锅炉、压力容器、管道，加热炉，换热器，阀门及安全阀，防腐蚀、材料，常压贮罐专业组等6个专业组。

动设备能力中心：负责状态分析、故障诊断、润滑管理、关键机组管理，组织关键机组的检修和抢修。下设离心式泵、机封，容积式泵，离心式压缩机、干气密封，容积式压缩机，风机，燃、汽机专业组等6个专业组。

低压电能力中心：负责低压电方面的维护，为装置电仪维修组提供技术和人员的支持。

高压电能力中心：负责高压电网运行和维护，设高压电运行和管理2个专业组。

自动化系统和工艺分析中心：负责自控系统支持和在线分析仪器的维护、管理与设计，控制阀检修；下设自控系统、在线分析仪器、控制阀3个专业组。

（2）技术交流与培训

通过请进来、走出去，广泛开展技术交流和培训，推动技术进步，提高员工的技术素质。

一是组织内部培训和交流。通过建立技术论坛，搭建设备管理和检修经验交流的平台，并由工程师或维修主管开展针对性的培训，提高设备管理及检修技能。

二是参加公司举办的各种培训。

三是邀请高校、OEM 的技术人员，进行技术交流培训。

四是动设备能力中心与相关装置维修的人员先后到 OEM 在国内的制造厂、国内制造厂、维修服务机构进行技术交流，学习了他们的先进技术。

五是参加国内、亚太地区及全球范围的各种交流，吸取先进的设备管理经验。主要有：国内设备管理专项会议及现场交流，BASF 亚太区 EMMA 技术交流年会，BASF 全球的材料与检验年会，BASF 全球首届动设备交流年会以及充分利用 BASF 全球技术交流网络平台进行在线交流。

第三节 设备完整性管理体系的内涵与依据

一、设备完整性管理

设备完整性就是指设备在物理和功能上是完整的，设备处于安全可靠的受控状态。完整性管理是确保主要运行设备在使用年限内符合其预期用途的必要活动的总和。设备的完整性是反映设备效能的综合特性，是安全性、可靠性、维修性等设备特性的综合。设备完整性具有整体性，即一套装置或系统的所有设备的完整性。设备完整性管理的目标是确保设备在使用年限内，都符合其预期功能用途的要求。

设备完整性管理体系是指企业设备完整性管理的方针、策略、目标、计划和活动，以及对于上述内容的规划、实施和持续改进所必需的程序和组织结构。设备完整性管理体系的建立和实施，遵循 PDCA 的运行模式。

企业应根据规范要求建立、实施、保持和持续改进设备完整性管理体系，确定如何满足这些要求，并形成文件。企业建立符合本规范的设备完整性管理体系前，应该通过初始状态评审确定其设备完整性管理现状，识别出企业现有业务流程与本规范要求的一致性及不同点。

设备完整性管理是管理体系与技术方法的结合，设备完整性管理既包括各种具体技术和分析方法，又涵盖了系统的管理方法，环环相扣、缺一不可，形成一套完善的技术管理系统。见图 1-16。

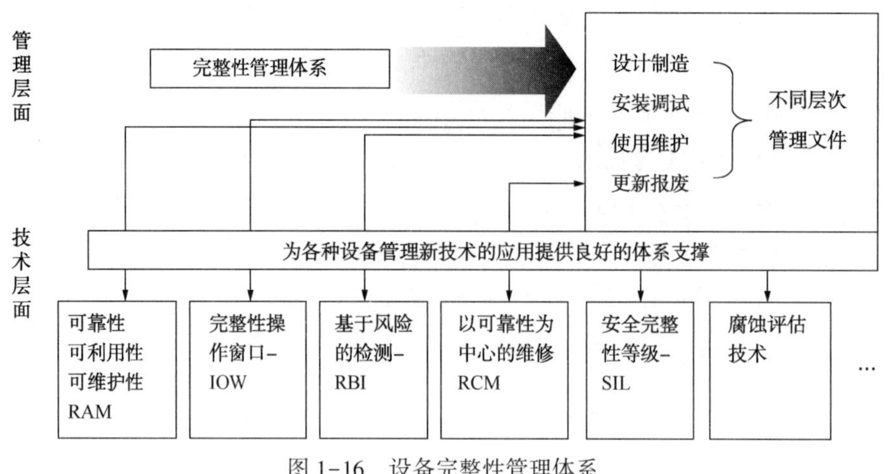

图 1-16　设备完整性管理体系

二、设备完整性管理体系的内涵、定位与作用

1. 设备完整性管理体系的内涵

设备完整性管理体系就是与设备管理有关的所有元素的集合，并按照一定的规律和方法进行归类梳理，将所有元素分层次、分类别、分主次编织到一个体系中，并对所有元素进行规范化、标准化。

所建立的体系就是在传统石油化工设备管理方法的基础上，借鉴机械完整性理念、ISO 55000 资产管理体系、GB 33172 资产体系的方法，创建出具有石油化工特色的设备完整性管理体系。规范企业设备管理，提升设备管理整体水平，实现石油化工优质企业迈向国际卓越企业和工业 4.0 技术水平。

设备完整性管理体系框架结构采用 GB/T 33173—2016/ISO 55001：2014《资产管理 管理体系 要求》的基础架构，与国际对标，与石化设备传统管理理念、方法相融合，传承了石化设备管理制度的核心内容，在运行中充分考虑缺陷、定时事务、分级管理、专业管理、技术管理等内容，体现我国石化管理特色。

设备完整性管理体系以 KPI 为引领，以风险管控为中心，以“可靠性+经济性”为原则，以全生命周期运行为主线，以业务流程为依据，以信息技术为依托，通过管理与技术的融合，传承石化设备传统管理好的做法，引进并创新设备管理理念和技术工具并使之有机融合，创建了以风险管控为主线的设备完整性管理体系，并开发了“驾驶舱”理念的设备完整性信息平台，将设备专业管理与技术工具融合应用，实现设备管理制度化、制度流程化、流程表单化、表单信息化，做到组织架构、管理流程、一体化文件、预防性工作、技术工具五个融合。

2. 设备完整性管理体系的定位与作用

（1）设备完整性管理体系是企业一体化管理体系的重要组成部分，与其他管理体系

(质量、安全、环保等)相融合。

(2) 目标是建立“设备完整性管理体系”，不同于中国设备管理协会发布的“设备管理体系”，也不同于“资产管理体系”。

(3) 设备完整性重视“安全”，以“风险管理”为主要手段和核心，贯穿设备全生命周期管理过程，并对过程质量(设计质量、制造质量、检维修质量等)、可靠性(ITPM、缺陷管理)、经济性(KPI、费用管理)等方面重点控制。

(4) 设备完整性是管理、技术、经济三个层面的结合。

(5) 设备完整性管理体系注重与实战的结合，是设备管理工作标准化后的体系化，可扩展、可复制。

(6) 传统设备经验管理上升到知识管理，将经验转化为知识传承下来。

(7) 传承炼化企业设备管理特色，对现有设备管理进行优化和改进。

(8) 树立风险管理和系统化管理的思想，采取规范设备管理和改进设备技术的方法，体现管理规范性和技术先进性。

(9) 在基本要素固化的前提下，企业可根据实际细化和扩展，体现差异性和个性化。

(10) 在设备日常专业管理中体现体系要素的要求，具可操作性，管理简单高效。

三、设备完整性管理体系的依据

(1) 设备完整性管理体系的编制依据

设备完整性管理体系的编制主要参考了 GB/T 33173—2016/ISO 55001：2014《资产管理 管理体系 要求》和 CCPS《资产完整性管理指南》的资产完整性管理理念、方法，与我国石化传统设备管理理念、方法相融合，形成的具有我国石化特色的设备完整性管理体系要求。参考文件如下所示：

GB/T 33172—2016/ISO 55000：2014 《资产管理 综述、原则和术语》

GB/T 33173—2016/ISO 55001：2014 《资产管理 管理体系 要求》

GB/T 33174—2016/ISO 55002：2014 《资产管理 管理体系 GB/T 33173 应用指南》

GB/T 19001—2016 《质量管理体系 要求》

GB/T 24001—2016 《环境管理体系 要求及使用指南》

GB/T 45001—2020 《职业健康安全管理体系 要求及使用指南》

CCPS 《Guidelines for Asset Integrity Management》

中国石化生[2015]583 号 中国石化设备管理办法

(2) 设备完整性管理体系的实施依据

目前，炼化企业设备完整性管理体系的实施主要依据以下文件：

① 炼化企业设备完整性管理体系(V1.0版)

《炼化企业设备完整性管理体系要求》;

《炼化企业设备完整性管理体系实施方案》;

《炼化企业设备完整性管理体系运行机制》;

《炼化企业设备风险管理程序》;

《炼化企业设备过程质量管理程序》;

《炼化企业设备检验、检测和预防性维修管理程序》;

《炼化企业设备变更管理程序》;

《炼化企业设备完整性绩效管理程序》;

《炼化企业设备完整性管理信息平台模板》。

② 炼化企业设备完整性管理文件

《炼化企业设备分级管理程序》;

《炼化企业设备缺陷管理程序》;

《炼化企业预防性工作策略》;

《炼油企业设备完整性管理体系绩效指标数据采集要求》;

《EM系统通知单标准模板完善要求》。

(3) 其他

与设备管理相关的国家法律、法规、标准,集团公司设备管理制度,企业设备管理制度及其他要求等。

》第二章《

体系构成

设备作为炼化企业生产的重要物质基础，在长期的发展过程中，形成了固有的管理模式，各企业结合实际自主探索形成了自己的独有管理特点，在一定时期内取得了很好的成效。然而，随着装备制造、自动化控制、信息化技术水平的不断发展和提高，旧有的设备管理模式显然已经不能满足现代化设备管理的要求，如何发挥集团化管理的优势，打破专业、部门、企业，甚至是板块的界限，保持管理的一致性，成为必须要解决的问题。在众多解决方法中，体系化管理成为切合时代脉搏的最佳管理模式，也是与国际接轨的必由之路。

体系化管理不仅可以解决碎片化、经验式的各自为战的管理弊病，还可以彰显管理者决心，体现管理价值，带来整体管理水平的提升，让信息得到全面共享，优秀实践及时交流和传承，管理科学性不断提升，进而形成统一的管理模式。石油化工设备管理涉及油气勘探开发、炼油、化工、产品销售等业务过程，整体管理难度大，在行业发展大局中具有重要战略地位。为主动应对数字革命，加快数字化、智能化转型发展，支持石油化工设备管理的持续提升，促进统一设备管理文化的形成，营造共同应对风险的良好局面，当下开展设备完整性管理体系建设已成为必然。本章主要介绍设备完整性管理体系基本术语、元素构成、要素设置和其基本含义。

第一节　设备完整性管理体系基本术语

本节介绍了设备完整性管理体系中常用的基本术语与缩略语，有些是通用的释义，有些是设备完整性管理中特有的说法，应注意与其他专业用语的区别。

一、相关概念

1. 设备(Equipment)

是指用于石油炼制、石油化工生产的机器、工艺设备、工业管道、动力设备、起重运输设备、电气设备、仪器仪表、工业建筑物和构筑物等。

2. 设备完整性(Equipment Integrity)

是指设备在物理上和功能上是完整的、处于安全可靠的受控状态，符合预期的功能，反映设备安全性、可靠性、经济性的综合特性。

3. 设备完整性管理体系(Equipment Integrity Management System)

是指企业设备完整性管理的方针、策略、目标、计划和活动，以及对于上述内容的规划、实施、检查和持续改进所必需的程序和组织结构。

4. 设备分级管理(Equipment Classification Management)

根据风险评估结果，结合企业生产实际，将设备按关键设备、主要设备和一般设备进行分级管理，合理分配相关资源。

5. 风险管理(Risk Management)

在设备全生命周期内，开展设备风险识别、风险评价、风险控制及风险监测，将风险控制在可接受的范围内。

6. 过程质量管理(Process Quality Management)

在设备全生命周期中采取一系列有计划、有组织的技术和管理活动，以确保满足质量要求。

7. 检验、检测和预防性维修(Inspection, Testing and Preventive Maintenance)

企业为保证设备持续符合其规定的功能状态，采取的系统性检查、检测和主动性维修活动。

8. 预防性维修(Preventive Maintenance)

是指在设备已出现故障苗头还没有发生故障或尚未造成损坏的前提下即展开一系列维修的维修方式，通过对设备的系统性检查、测试和更换以防止功能故障发生，使其保持在规定状态所进行的全部活动。

9. 设备缺陷(Equipment Deficiency)

设备本体或其功能存在欠缺，不符合设计预期或相关的验收标准。

10. 设备故障(Equipment Fault)

设备不能执行规定功能的状态。预防性维修或其他计划性活动或缺乏外部资源的情况除外。

11. 变更管理(Management of Change)

确保设备变更能够被正确申请、评估、审批、执行、验收与告知的管理活动。

12. 设备完整性管理绩效(Performance of Equipment Integrity Management)

企业对设备完整性管理活动可测量的管理结果。

二、相关缩略语(表2-1)

表2-1 相关缩略语

缩略语	解 释	全 称
HAZOP	危险与可操作性分析	Hazard and operability study
PHA	工艺危害分析	Process hazard analysis
QRA	定量风险评价	Quantitative risk assessment
RBI	基于风险的检验	Risk-based inspection
RCM	以可靠性为中心的维修	Reliability-centered maintenance
RAM	可靠性、可用性及可维护性	Reliability availability maintainability
FTA	故障树分析	Fault tree analysis
RCA	根本原因分析	Root cause analysis
FMEA	失效模式及影响分析	Failure modes and effects analysis
FMECA	失效模式、影响和危害性分析	Failure modes, effects, and criticality analysis
LOPA	保护层分析	Layer of protection analysis
SIS	安全仪表系统	Safety instrumented system
SIF	安全仪表功能	Safety instrumented functions
SIL	安全完整性等级	Safety integrity level
ITPM	检验、检测和预防性维修	Inspection, testing and preventive maintenance
PDCA	策划-实施-检查-处置	plan-do-check-act

第二节 设备完整性管理体系的理论基础与结构

一、设备完整性管理体系的理论基础

1. 风险管理理论

从1950年美国学者格拉尔(Russell B. Gallagher)首次提出风险管理概念以来，风险管理已经成为确保核电站安全、飞行器安全等重大工程项目可靠性不可替代的工具。针对化工过程安全进行的风险管理也成为国际上众多石油、化工企业的最佳实践和有关法律法规的强制性要求。风险是指某一特定危险情况发生的可能性与造成后果的严重程度的综合度量，等于发生的概率与损失大小程度的乘积：$R=P\times S$，其中R为风险率，P为发生的概率，S为损失大小程度。

风险管理的目的是通过对化工过程可能发生的风险进行辨识、风险分析、风险评价、风险控制、风险监测，并在此基础上优化组合各种风险技术，对风险实施有效的控制和妥善处理，降低风险，期望达到以最小的成本获得最大安全保障，从而间接创造效益，为企业的安全发展和可持续发展提供重要保障。

设备完整性管理体系很好地结合风险管理的思想，将风险管理理念广泛用于各种管理活动，如缺陷管理、设备分级管理、变更管理、过程质量管理等，很好地体现了以“风险管控”为核心的管理思想。目的是通过系统化管理持续提升设备管理水平，识别和控制风险，保障设备安全、可靠和经济运行。

2. PDCA 循环

PDCA 循环是美国质量管理专家休哈特博士首先提出的，由戴明采纳、宣传，获得普及，所以又称戴明环。PDCA 循环的含义是将管理工作分为四个阶段，即计划(Plan)、执行(Do)、检查(Check)、处理(Act)。

设备完整性管理体系是指企业设备完整性管理的方针、策略、目标、计划和活动，以及对于上述内容的规划、实施和持续改进所必需的程序和组织结构。设备完整性管理体系的建立和实施，遵循 PDCA 的运行模式，在设备完整性管理活动中，要求把各项工作按照制定计划、计划实施、检查实施效果，并在下一循环持续改进，具体的每一项活动均需达到 PDCA 循环要求。因此，在设备完整性管理体系的建立过程中，既要基于制度管理实践，又要基于风险和持续改进，更需要理论创新，以做到“让人放心的、持久的管理”。

3. 设备全生命周期理论

现代设备管理强调设备全生命周期管理，要求管理者站在设备生命周期的全局看待问题，以便于其更好地决策，而这就需要用到设备全生命周期理论。设备全生命周期理论要求企业管理者结合企业的经营方针、目标任务，综合运用系统论、控制论和决策论的基本原理，从以下三个方面实现科学决策与管理。

(1) 设备全生命周期的技术理论

依靠技术进步加强设备的技术载体作用，研究生命周期的故障性和维修性，提高设备有效利用率，采取适用的新技术和诊断修复技术，从而改进设备的可靠性和维修性。

(2) 设备生命周期的经济理论

研究设备损耗的经济规律，掌握技术经济寿命，对设备的投资、修理和更新进行技术经济分析，力争投入少，产出多，效益高，从而达到生命周期费用最经济和提高设备综合效率的目标。

(3) 设备生命周期的管理理论

强调设备一生的管理和控制，由于设备设计、制造、使用一直到报废的责任者和使用者往往不是单一的，故其经营管理策略会有很大区别。因此，需要研究和控制三者相结合的动态管理，建立相应的模型，不断模拟改进，并实现实时的信息反馈，进而实现全面设备管理，不断提高设备管理现代化水平。

这三方面的理论分别从技术、经济和管理三个层面上提出了对设备在其生命周期中的管理内容和管理要求，对提高设备的寿命和整体设备管理水平有着重要意义。

4. 金字塔原理和海因里希法则

（1）金字塔原理

金字塔原理是指每一层次的思想观点必须是对低一层次思想观点的概括；每一组的思想观点必须属于同一范畴；每一组的思想观点必须符合逻辑顺序。

设备完整性管理体系的文件架构按照金字塔理论构建，将其分为三个层次的文件。第一层次文件是设备完整性管理的纲领性文件，一般以管理手册的形式出现，其规定了设备完整性管理的基本要求，并对职责进行划分。第二层次是设备完整性管理的管理性文件，一般以程序文件或者制度文件的形式出现，其规定了设备完整性管理体系中重点要素的管控方式，并对职责进行详细划分。第三层次是设备完整性管理的技术性文件，一般以技术标准、作业指导书、维护维修规程、操作规程等形式出现，其规定了检验、检测、维护、维修等业务活动的具体技术要求、技术方法以及实施步骤和相应的验收要求等内容。

（2）海因里希法则

“海因里希法则”又称“海因里希安全法则”或“海因里希事故法则”，是美国著名安全工程师海因里希（Herbert William Heinrich）提出，其通过55万件机械事故的统计发现：当一个企业有300起隐患或违章，非常可能要发生29起轻伤或故障，另外还有1起重伤、死亡事故，即“300∶29∶1法则”，其充分体现了分级管控的重要性，领导层需要将更多的精力用来管控“1”的发生，而设备管理部门则需要对“29”给予更大的关注，基层管理部门则需要对“300”进行重点管控。

设备完整性管理体系充分借鉴了海因里希法则的思想，主要表现在以下几个方面：

一是通过设立不同层级的设备完整性管理绩效指标衡量设备完整性管理水平。其绩效层级结合企业组织结构，一般可设立集团公司级、企业级、专业级、运行部级以及装置级绩效指标，不同层级的指标代表了对不同设备业务活动的管控力度，其指标情况是对这一活动的总体绩效衡量。

二是设置设备分级管理要素，通过风险识别确定设备分级方法，对设备进行A、B、C分级，推进设备标准化管理和精细化管理。对设备进行分级管理可以确定设备管理的重点，是设备风险评估的重要依据和制定预防性维修策略的基础，可以指导设备管理过程中资源的合理分配，明确管理权限，落实管理职责，提高设备管理的有效性。

三是设置设备缺陷管理要素，通过对不同风险等级的设备缺陷实行Ⅰ、Ⅱ、Ⅲ、Ⅳ类的分级管理，达到对设备缺陷进行识别、响应、传达、消除的闭环管理要求，以避免不同层级设备异常、故障、失效、甚至是设备事故的发生。

四是设置设备变更管理要素，对设备变更按照变更等级实行一般变更、较大变更和重大变更的分级管理，对设备变更过程进行管控，消除风险，防止产生新的缺陷或者大的设备事故。

除了上面列举的四个方面之外，设备完整性管理体系中其他管理要素也均采用分级管控的思想，将各级管理职责给予了更好的划分，以更好地实现体系化管理，可以说是“海因里希法则”的直接体现。

二、设备完整性管理体系的结构组成

1. 管理体系常用结构

国际标准化组织(ISO)是一个全球性的非政府组织，作为国际标准化领域的重要组织，标准的内容涉及广泛，从基础的紧固件、轴承、各种原材料到半成品和成品，其技术领域涉及信息技术、交通运输、农业、保健和环境等，针对环境、质量、信息安全、职业安全和健康管理等多个领域发布了管理体系标准。这些管理体系拥有许多共同要素，但其结构各不相同，导致了相关标准制定后的实施阶段出现了一些混乱和困难，为了解决这个问题，质量管理体系 2015 年改版时推出了高阶结构。高阶结构包括适用范围、规范性引用文件、术语和定义、组织环境、领导作用、策划、支持、运行、绩效评价、改进 10 个部分，其增强了不同管理体系标准的兼容性和符合性。对于实施多体系的组织来说，为各体系的有效整合提供了一个便利的机会。由于采用高阶结构后每个标准的结构框架、论述方向是一致的，整合起来更加容易。2016 年，我国等同采用 ISO 55001：2014 颁布了 GB/T 33173—2016《资产管理 管理体系 要求》，适用于所有类型企业的资产管理，具体阐明了建立、实施、保持和改进用于资产管理的管理体系的要求，在标准结构上采用了 ISO 高阶结构。

另一方面，随着化工装置规模和复杂程度的增加，发生的事故越来越难以控制在工厂范围内，导致生态灾难，给周边人民的生活带来深远影响，为了避免这些重大事故的再次发生，欧洲、美国等相继颁布了《工业活动中重大事故危险法令》《高度危险性化学品的过程安全管理》等法规。《高度危险性化学品的过程安全管理》于 1992 年由美国劳工部职业安全与健康管理局(OSHA)颁布，并在世界范围内得到广泛应用。其包含员工参与、工艺安全信息、工艺危害分析、操作程序、培训、承包商管理、投产前安全检查、机械完整性、动火作业许可、变更管理、事故调查、应急预案和应急响应、符合性审计、商业机密 14 个方面。机械完整性(Mechanical Integrity)作为保证过程安全管理的重要要素被正式提出，其是针对工艺设备投运后，在使用、维护、修理、报废等各个环节中始终保持符合设计要求、功能完好，保持设备无故障运行的管理过程，目的是保证关键设备在其生命周期内达到预期的使用功能。机械完整性主要对设备选择与关键性评价、设备检验检测和预防性维修、设备异常管理、质量管理、培训以及作业程序等内容进行了界定，便于企业实施机械完整性管理。

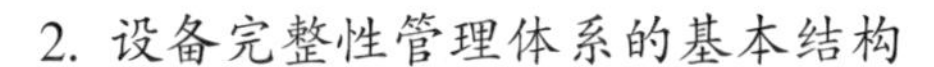

2. 设备完整性管理体系的基本结构

（1）总体架构

体系总体架构采用了 ISO 管理体系的高阶结构，设置了 10 个基本要素，构成了设备完整性管理体系的整体 PDCA 循环，如图 2-1 所示。各要素之间相互关联、相互渗透，构成一个良性的、可持续改进的 PDCA 管理循环，以确保体系的系统性、统一性和规范性，实现企业设备的完整性管理。

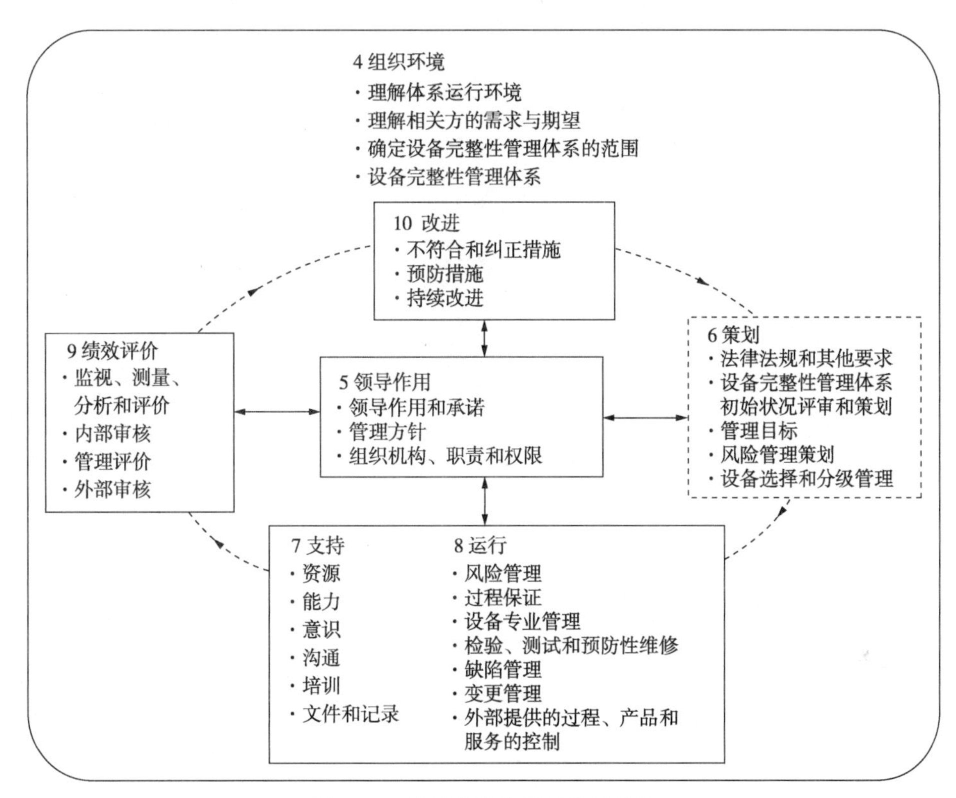

图 2-1　设备完整性管理体系结构

（2）运行架构

设备完整性管理体系在构建过程中，结合前面叙述的理论依据和总体架构，建立了体系运行模型，如图 2-2 所示。运行模型涉及三个层次、三类组织。

三个层次分别为业务管控、业务执行和状态感知。业务管控层体现组织引领作用，通过领导作用的良好贯彻，确保业务执行高效准确；业务执行层体现 PDCA 思想，通过不断循环改进，确保设备管理水平不断提升，并促进设备状态感知的及时有效；状态感知层体现设备的实时状态，通过设备状态的实时监控与诊断，确保设备状态异常的及时发现和处理。

三类组织分别为总部、企业和专业机构。总部（集团公司）设备管理部门的管理重心应体现自上而下的特点，重在集合集团力量，通过大样本、大数据以及重大设备故

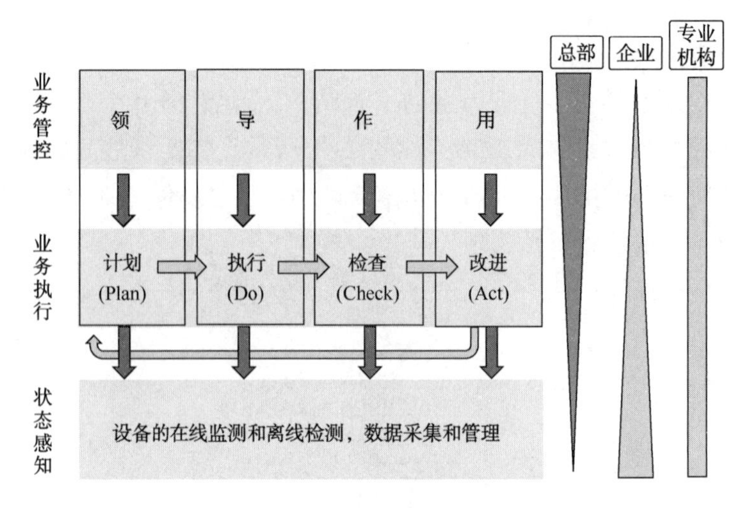

图 2-2　设备完整性管理体系运行模型

障、事故的分析，及时识别和控制大风险，避免和预防大事故。企业设备管理部门的管理重心应体现自下而上的特点，重在发挥专业管理优势，通过危害识别和风险评估提前发现设备风险和设备状态异常，避免演变为设备故障或事故。专业机构作为重要的技术支持，应建立集成化管理和合作机制，确保专业机构可为企业提供长期优质的全方位技术服务。

在上述运行架构的基础上，设备完整性管理体系采用了以流程/任务为主线的设备管理模型，如图 2-3 所示，通过流程/任务建立装置/设备与组织/人员的关系，流程/任务是实现设备完整性管理体系运行模型中 PDCA 循环的主要手段，也是规范管理、明确职责的重要途径。体系建设时应基于体系要素管理形成基本管理单元，并建立流程联动机制，实现可组态的设备管理，以满足动态管理需求，保障设备完整性管理体系的有效运行。

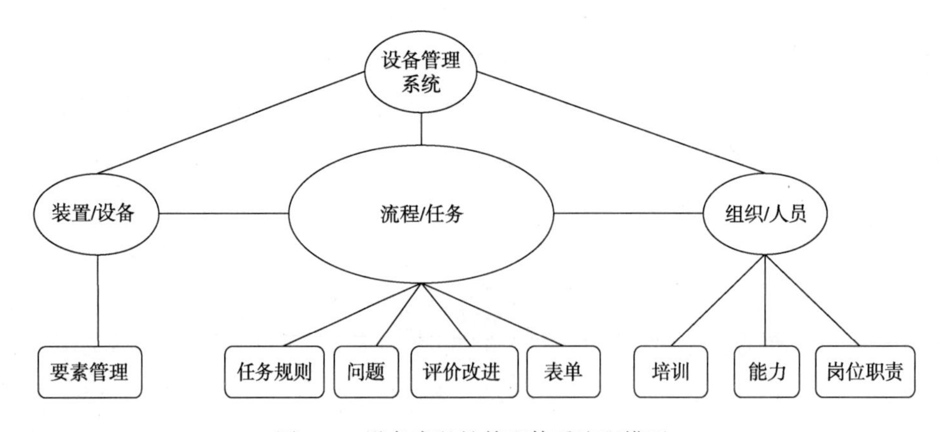

图 2-3　设备完整性管理体系流程模型

(3) 设备全生命周期管理架构

设备完整性管理注重设备全生命周期的管理，并将体系化思想与实际管理需求融入，结合设备完整性管理体系的运行架构，形成了设备全生命周期管理模型，如图 2-4 所示，目的是建立设备全生命周期的体系化管理，将统一的体系管理方法应用到设备全生命周期各阶段中，促进部门间的协同，提高设备全生命周期管理的科学性和一致性。

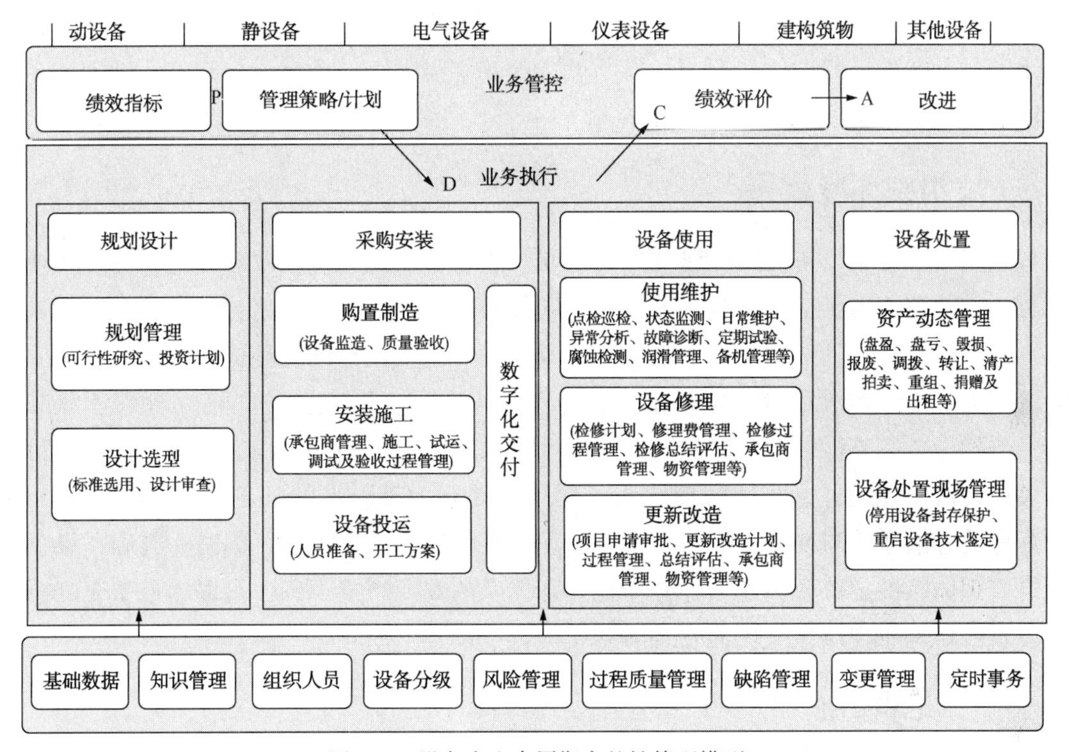

图 2-4　设备全生命周期完整性管理模型

在业务管控方面包括绩效指标、管理策略与计划、绩效评价和提升改进，分别对应运行架构中的 Plan、Check、Act 环节。在业务执行方面按照设备全生命周期的业务领域划分主要包括规划设计、采购安装、设备使用以及设备处置。在上述业务执行过程中，各体系要素的管理要求贯穿其中，这些要素内容包括基础数据、知识管理、组织人员、设备分级、风险管理、过程质量管理、缺陷管理、变更管理、定时事务等，两部分共同构成了业务架构中的 Do 部分。

第三节　设备完整性管理体系的要素设置

设备完整性管理体系主要用于指导石油化工企业建立并实施设备完整性管理，确保设备符合其预期功能，提高设备安全性、可靠性、经济性运行水平，保障生产装置安全、稳定、长周期运行。范围涵盖企业设备管理工作涉及的所有设备、设施。整个体系在要素方面设置了35个二级要素，具体见本节附录(设备完整性管理体系的要素设置)，二级要素涵盖了企业一体化管理体系的相关内容，并结合传统管理特点，设置了设备分级管理、风险管理、过程质量管理、检验、检测和预防性维修、缺陷管理、定时事务等管理要素，既体现了设备完整性管理体系的易融合性，也突出了设备专业的管理特点。本节主要从组织环境、领导作用、策划、支持、运行、绩效评价、改进七个方面介绍了设备完整性管理体系的二级要素设置和其主要内容，是对设备完整性管理体系的全面论述。

一、组织环境

组织环境是指设备完整性管理体系建立、实施、保持和持续改进过程中内外部环境之和。外部环境提供了可以利用的机会，内部条件是抓住和利用这种机会的关键，只有在内外环境都适宜的情况下，才能建立健康发展的设备完整性管理体系。组织环境要素设置了理解体系运行环境、理解相关方的需求与期望、确定设备完整性管理体系的范围、明确设备完整性管理体系与其他体系的关系四个二级要素，用于确定与其管理目的有关以及对实现设备完整性管理体系预期结果的能力有影响的外部和内部因素、相关方、相关方的要求与期望、设备完整性管理体系的边界和适用性。同时，明确了设备完整性管理体系的定位。其是企业一体化管理体系的重要组成部分，可以通过整合的方式将设备完整性管理体系与其他管理体系相融合。

二、领导作用

领导作用要素设置了领导作用和承诺、管理方针、组织机构、职责和权限三个二级要素。

1. 领导作用和承诺

企业最高管理者应通过以下方面，证实其对设备完整性管理体系的领导作用和承诺：

(1) 对设备完整性管理体系的有效性负责；

(2) 确保建立设备完整性管理的方针、目标，并与企业的总体目标一致；

(3) 确保将设备完整性管理体系的要求融入企业的业务过程；

(4) 促进使用体系管理和风险管理的思维，确保与企业其他风险管理方法相协调；

(5) 确保设备完整性管理体系所需资源是可获取的；

(6) 沟通设备完整性管理的有效性和符合体系要求的重要性；

(7) 确保设备完整性管理体系实现其预期结果；

(8) 促使人员积极参与，指导和支持员工为设备完整性管理体系的有效性做出贡献；

(9) 促进企业内的跨职能协作；

(10) 促进持续改进；

(11) 支持相关管理者在其职责范围内发挥领导作用。

2. 管理方针

企业的最高管理者应确定和批准本企业的设备完整性管理方针，形成文件，并传达给相关方。设备完整性管理体系的管理方针应定期评审，以确保方针与企业的设备完整性发展计划保持适宜性和一致性，根据管理方针，还需要建立、实施并保持设备完整性管理策略。

3. 组织机构、职责和权限

企业需建立与设备完整性管理体系相适应的组织机构，并对其职责和权限做出明确规定。一般在体系建设过程中需要成立体系建设领导小组、工作小组和可靠性工程师团队，在体系运行时，需要建立专家团队、专业团队、可靠性工程师团队和区域工作团队。同时，考虑体系的融合性，还应重新识别、确定与设备完整性管理相关的职能部门（至少包括设备、生产、工程、安全、环保、企管、人力资源、技术、信息、采购等）的职责划分和层次，以及从事管理、技术和操作人员的职责和权限，形成文件并传达给相关人员。

三、策划

策划要素设置了法律法规和其他要求、初始状况评审和策划、管理目标以及风险管理策划四个二级要素。

1. 法律法规和其他要求

企业应建立相应程序，以获取和辨识适用于本企业设备完整性管理的法律法规和其他要求，并及时更新。确保设备完整性管理体系遵循适用法律法规和其他要求，向管理、技术和操作人员以及其他相关方及时传达，并定期评价对适用法律法规和其他要求的遵守情况。

2. 初始状况评审和策划

在建立设备完整性管理体系之前，应通过初始状况评审，确定企业设备管理现状与完整性管理要求之间的差距，查找企业设备管理的薄弱环节和风险分布，为设备完整性管理体系的策划提供依据和基准。

在策划设备完整性管理体系的建立、实施、保持和持续改进时应传承企业设备管理特色，对现有设备管理进行优化和改进；树立体系化和风险管理的思想，采取规范管理和改进技术等方法，体现管理规范性和技术先进性；与企业设备管理发展规划相匹配；体系要素融入企业设备管理工作中，具可操作性。策划内容一般包括体系文件建立、技术方法集成应用、完整性管理信息平台搭建、组织机构职能优化四个方面。

3. 管理目标

建立和保持设备完整性管理目标时应考虑：

(1) 与设备完整性管理方针相一致；

(2) 是可测量的(即定量和可实现的)；

(3) 定期评审和更新；

(4) 符合法律法规、标准、规范和所属企业的要求；

(5) 使设备风险处于企业可接受范围内。

根据建立的目标，应制定和保持设备全生命周期的完整性管理计划，并定期对计划进行跟踪。设备完整性管理计划应包括风险管理、过程质量管理、检验、检测和预防性维修、缺陷管理、变更管理、绩效管理等内容。

4. 风险管理策划

在实施设备完整性管理时，应策划并制定设备风险管理策略，明确设备风险评价准则，在设备全生命周期的各阶段识别风险并评价其影响因素、后果及可能性，对风险进行分类分级，并对已识别的风险及时管控，确保其在可接受的水平。

四、支持

支持要素设置了资源、能力、意识、沟通、培训、文件和记录六个二级要素。

1. 资源

建立、实施和持续改进设备完整性管理体系所需的资源，包括人力、物力和财力等，这些资源应依据设备等级、风险大小，合理分配。针对设备完整性管理需求，组织建立技术专家团队，及时并有效地参与重要的设备完整性管理活动。

2. 能力

设备完整性管理体系对从事设备完整性管理的人员提出了更高要求，一般企业需要确定从事设备完整性管理相关工作的人员所必要的能力和对设备管理绩效的影响，并开展适当的教育、培训和知识(经验)传承，可采取岗位培训、岗位调动、轮岗等措施，确保人员能够胜任。必要时，采取向在职人员提供培训、辅导，重新分配工作，聘用、外包等措施，以获取所需的能力，并评价这些措施的有效性。同时，应定期评审企业人才需求和岗位能力要求。

3. 意识

设备完整性管理体系需要全员参与，人员意识的转变对于体系的有效运行至关重要，应确保体系范围内的工作人员意识到设备完整性管理方针、目标以及对设备完整性管理体系有效性的贡献和偏离设备完整性管理体系要求的后果，并能够掌握自身工作活动内容和可能的相关风险、机遇。

4. 沟通

企业应确定与设备完整性管理体系相关的内部和外部沟通的需求，包括沟通的内容、时机、对象和方式。沟通交流的方式可以包括文件、传真、网络、电话、会议、参观考察、外出调研、交谈、培训、公告、刊物等。

5. 培训

设备完整性管理体系的培训管理一般包括培训需求、培训策划及实施、培训效果的验证和记录等内容。一是定期开展设备完整性管理的组织需求分析和人员能力、意识评估，进行现有能力和岗位能力要求的差距分析，及时识别设备完整性管理培训需求；二是在识别培训制约条件和确定培训方式基础上，制定设备完整性管理培训计划并实施；三是建立员工设备管理、技术水平及操作技能培训效果的验证标准，可采用笔试、演示及现场实操等多种方法，对培训结果进行评价，形成评价报告；四是记录员工的培训需求和培训完成情况，并对培训过程的相关记录进行定期审核，培训记录应包括培训日期、效果验证方式及验证结果等。

设备完整性管理体系对于承包商的培训也提出了要求，确保与设备完整性管理活动相关的承包商具有必要的技能和知识。在做好入场(厂)培训的同时，应审查承包商的日常培训计划及完成情况。

6. 文件和记录

设备完整性管理体系文件一般包括设备完整性管理方针和目标、设备完整性管理手册、管理制度文件和记录、实施过程的文件和记录。在文件和记录的控制上，可以按照企业一体化管理的要求，对设备完整性管理体系的文件和记录进行控制。

特别的，设备完整性管理体系对于设备数据信息提出了明确要求，要求逐步建立设备完整性数据库，如缺陷数据库、KPI 数据库等，实现数据统一管理。通过技术分析报告、工作月报、工作简报、信息化平台等，主动开展设备数据统计分析工作，并定期审核设备数据信息管理工作。

五、运行

运行要素设置了设备分级管理、风险管理、过程质量管理、检验、检测和预防性维修、缺陷管理、变更管理、外部提供的过程、产品和服务的控制、定时事务、专业管理、技术管理 10 个二级要素。

1. 设备分级管理

制定基于风险的设备分级标准，按照设备在生产过程中的重要程度、可靠性状况、发生故障的危害性以及可能性来确定设备等级。按照关键设备、主要设备、一般设备进行分级管理。依据设备分级合理配置资源，并根据设备检修、装置改扩建及其他情况，及时对设备分级进行动态调整。

2. 风险管理

设备风险管理包括风险识别、风险评价、风险控制和风险监测四个环节。

（1）风险识别

使用风险技术工具，在设备全生命周期的各个阶段开展设备风险的识别，制定风险分类分级标准，对识别出的风险进行分类分级管理，合理地分配资源和采取相应的处理措施。设备风险包括但不限于以下风险：

- 设备设计、制造、安装阶段的缺陷；
- 维护检修质量缺陷；
- 设备本体的失效和功能丧失；
- 设备老化和材料劣化；
- 运行操作异常；
- 暴雨、暴风、雷电、地震等自然环境事件；
- 企业外部因素造成的影响；
- 相关方及企业员工的风险；
- 管理缺陷。

（2）风险评价

在设备不同生命周期阶段确定风险评价的范围和重点，建立风险可接受准则，使用合适的风险管理工具对识别的风险进行评价，评估每一个潜在事件发生的可能性和后果，并考虑现有风险控制措施的有效性及控制措施失效的可能性和后果。

定期开展风险评价，确保符合生产经营状况和设备风险控制要求。在采用新技术、新工艺、新设备、新材料前，应进行专项风险评价。根据具体情况选择应用 HAZOP、QRA、FMEA/FMECA、RCM、RBI、RAM、LOPA、FTA、IOW、SIL、腐蚀适应性评价、设防值评估、腐蚀监测方案优化等风险管理工具。

（3）风险控制

根据风险评价结果，在确保相应职责履行和资源配置的情况下，采取措施降低风险事件可能性和后果，将风险控制在可接受水平，确保设备安全运行。这些措施主要包括：

- 设备本质安全措施；
- 改进和优化工艺操作；
- 完善视频监控、报警、联锁、泄压装置等安全设施；
- 应用设备在线状态监测、离线监（检）测技术；
- 调整设备监（检）测方法、周期及有效性等级；
- 降低人为失误的可能性；
- 技术培训、教育、考核等管理措施；
- 系统优化和技术更新等。

(4) 风险监测

对风险识别、风险评价、风险控制的有效性进行定期监视与测量，风险监测应采取分层管理、分级防控、动态管理的原则，对过程进行控制并逐级落实，将风险管理纳入设备管理活动和各级管理流程中。风险监测内容包括：

- 风险管理工作是否达到预期目标；
- 是否存在残余风险；
- 风险评价结果与实际情况是否相符；
- 风险管理技术是否合理使用；
- 风险控制措施是否充分有效等。

在设备风险管理过程中，应建立风险登记制度，对风险识别、风险评价、风险控制、风险监测进行登记管理。

3. 过程质量管理

识别设备全生命周期的过程质量管理活动，建立相应的过程质量管理程序和控制标准，以满足相关法律、法规、标准、技术规范、企业规定等文件的要求，确保设备系统性能可靠、风险和成本得到有效控制。设备全生命周期在本书中划分为前期管理、使用维护、设备修理、更新改造和设备处置五个环节。

(1) 前期管理

在可行性研究、基础设计、详细设计、设备选型阶段制定相应的过程质量控制措施，明确设计单位资质和设计选型所遵循的法律法规、标准、规范，以及设备制造、安装的技术条件和质量要求，确保设计文件的规范签署、设计变更管理有效执行、潜在的重大风险的识别和控制等。

在设备的购置与制造阶段，应在供应商、制造商选择与考核，需求计划的编制、审批、下达、核销，采购计划编制和审批，采购合同的签订及管理，设备制造与验收等主要环节制定过程质量控制措施。

设备购置与制造阶段的过程质量控制包括供应商和制造商服务能力评估、采购技术条件确认、合同及技术协议签订、设备质量风险防控、关键设备监造、设备质量证明文件确认、出入库检验、购置过程中的变更等。

在设备安装施工阶段，应采取质量控制措施，确保设备安装施工符合法律法规、技术规范、标准和设计文件的要求，至少在承包商选择、技术文件审核、施工方案确认、过程质量控制、施工验收、调试与试验等环节制定过程质量控制措施。

在设备投运时，应制订设备投运的过程控制计划，明确现场操作、技术、管理人员的培训要求，安全检查内容和监测措施。确保人员培训已经完成，设备风险已经评估并制定相应措施，操作规程、维护规程和应急预案等已经编制审批并投入使用等。

(2) 使用维护

在设备现场管理、设备维护保养、设备运行管理环节制定过程控制措施。明确设备监(检)测方法、标准、频次和评估的要求，设备“三检”“特护”等工作要求。确保设备档案、操作规程、维护规程、应急预案、维护检修记录、试运行记录完备，运行维护人员得到培训，设备符合工艺操作要求，设备运行风险已经识别和采取防范措施，检验、检测和预防性维修、缺陷管理和变更管理等有效开展。

(3) 设备修理

在检维修承包商的选择与评价、停工检修、日常维修、故障抢修、施工方案的编制与审核、施工质量控制与验收等环节制定过程控制措施。设备修理阶段应收集设备风险评估和可靠性分析结果，制定设备检修策略、计划和方案，确保设备缺陷消除、材料备件适用、功能状态符合完整性管理要求。

(4) 更新改造

依据设备运行监(检)测、风险评价、可靠性分析和投资收益情况，制定更新改造计划，并组织实施。设备更新改造过程质量管理应符合上述前期管理的相关要求。其中，改造所涉及的变更应符合变更管理要求。

(5) 设备处置

对于设备的闲置、转移使用、报废等应制定过程控制措施，确保设备处置符合法律法规和设备完整性管理的要求。重点关注停工工艺处置、闲置设备保护、设备状况技术鉴定等。设备转移和重新使用应进行全面的技术检验和性能评估，对使用环境的适用性进行评价，并符合相关标准的要求。

4. 检验、检测和预防性维修

建立并保持设备检验、检测和预防性维修(简称 ITPM)策略，在设备日常专业管理的基础上，识别、制定并实施设备检验、检测和预防性维修计划，提高设备运行的可靠性，确保设备的持续完整性。

具体的工作流程是组建设备、工艺、操作、检维修、工程、腐蚀、可靠性、承包商等多专业人员的 ITPM 任务选择工作组，收集整理设备相关信息，确定不同类型设备的 ITPM 策略和工作频率，并制定每台设备的工作计划。按照计划，组织基层单位、检维修及维保单位，在日常巡检、运行维护、停工检修期间执行 ITPM 计划，并妥善管理延期任务，定期优化工作计划和任务频率、人员职责。

(1) 设备检验、检测

检验、检测是通过观察、测量、测试、校准、判断，检测设备缺陷的发生和评估设备部件的状态，对设备的有关性能进行符合性评价。设备的检验、检测应包括以下内容：

① 静设备专业：特种设备法定检验和定期检查、特殊设备定期维护保养、在线腐

蚀监测、定点定期测厚、RBI 检验等；

② 动设备专业：试车检查、润滑油定期检验、机泵定期切换试运、机泵运行状态监测、大型机组状态监测与故障诊断、冬季防冻防凝检查等；

③ 电气专业：电机的状态监测、电气设备预防性检修及试验、设备放电检测、防雷防静电检测等；

④ 仪表专业：仪表设备预防性检维修，仪表设备红外检测，仪表系统接地检测，仪表电源系统检测，可燃、有毒报警器定期标定、检定，分析仪表定期校验，控制仪表系统功能测试，SIL 评估、定级、验证等；

⑤ 管道：压力管道、长输管道和公用管网系统的定检验和定期检查、定期维护保养、在线腐蚀监测、定点定期测厚、RBI 检验等；

⑥ 其他特种设备：电梯、起重设备、场(厂)内机动车辆等法定检验等。

(2) 预防性维修

预防性维修应在可靠性分析的基础上进行，避免设备过修和失修。设备预防性维修内容应包括以下内容：

① 静设备专业：压力容器、压力管道、常压储罐、加热炉预防性维修，RBI 风险策略所确定的预防性维修等；

② 动设备专业：大型机组、机泵设备预防性维修，设备润滑等；

③ 电气专业：电气设备、电动机预防性维修等；

④ 仪表专业：过程控制系统、控制阀、仪表风过滤装置预防性维修等。

5. 缺陷管理

(1) 缺陷识别与评价

建立缺陷识别与评价标准，依据标准在设备全生命周期各阶段识别、评估设备缺陷，按其对设备完整性影响程度进行分类分级管理。设备缺陷识别主要来源于设备监造、出厂验收、入库检验、安装验收、ITPM、使用操作、风险评估、维护检修等环节。缺陷评价可采用合乎使用性评价(FFS)技术。

(2) 缺陷响应与传达

根据缺陷对安全、生产、经济损失的影响程度建立缺陷响应办法，依据响应的紧急程度对缺陷做出响应，包括以下内容：

① 通报可能受影响的上、下游装置或其他相关方；

② 制定(临时)措施，并通过审批；

③ 实施和跟踪(临时)措施；

④ 明确(临时)应急措施的终止条件。

缺陷响应情况应及时传达给相关部门和人员，包括设备管理人员、操作人员、检维修人员、供应商或服务商等。

(3) 缺陷消除

根据技术规范和标准，通过修复、更换、进行合乎使用评价等措施对设备缺陷进行处置，并对处置结果进行确认。针对临时措施，利用停工检修或计划外停工等机会进行彻底消除。

6. 变更管理

(1) 变更范围

设备完整性管理要求对变更进行分类分级管理，对设备变更过程进行管控，消除风险，防止产生新的缺陷。设备变更分为一般变更、较大变更和重大变更。在确定变更范围时，以下变更应纳入设备变更管理：

- 企业架构、相关方(如管理人员、服务人员)或职责发生变更；
- 管理方针、目标或计划发生变更；
- 设备管理活动的过程或程序发生变更；
- 设备本身材质、结构、用途、工艺参数、运行环境的变更；
- 引入新的设备、设备系统或技术(含报废或退役)；
- 外部因素变更(新的法律要求和管理要求等)；
- 供应链约束导致变更；
- 产品和服务需求、承包商或供应商变更；
- 资源需求变化(人员、工机具、场所等)。

(2) 变更申请

设备在设计、采购、工程建设、在役运行和停工检修阶段发生变化，对安全运行可能带来影响时，应首先识别是否属于变更，确定变更类别和变更事项主管部门。变更申请单位(部门)对变更内容进行核实，确定变更等级，并根据变更类别向主管部门提出变更申请。

(3) 变更评估

变更申请单位(部门)应成立变更风险评估小组，负责变更的风险评估工作。组长应由评估申请单位业务分管负责人或技术负责人担任，成员应由评估申请单位相关专业技术人员和同级安全部门主管人员组成。一般变更由变更需求单位组织风险评估，重大变更可采用专家审查的方式进行风险评估，生产工艺与设备设施的重大变更应采用HAZOP、FMEA等方法进行风险评估。重大变更的风险评估过程应核实可能涉及的内容和控制措施。

(4) 变更审批

一般变更由变更申请单位(部门)负责人审批；较大变更由企业变更事项的主管部门负责人审批；重大变更应在企业安全总监或业务对口的副总师审核风险管控措施后，由企业分管领导审批。

（5）变更实施

变更应严格按照变更审批确定的内容和范围实施，变更申请单位（部门）应对变更实施过程进行监督。变更实施前，变更申请单位（部门）要对参与变更实施的人员进行技术方案、安全风险和防控措施、应急处置措施等相关内容培训；重大变更实施前企业应公示。变更实施过程中应加强风险管控，确保实施过程安全。高风险作业须开展JSA分析，严格执行作业许可制度。

变更投入使用前，变更批准单位应组织投用前的条件确认，合格后方可投用。需要紧急变更时，变更申请单位（部门）应按照业务管理要求在风险预判可控的情况下先实施变更，后再按变更程序办理变更审批手续，进一步开展风险评估，制定和落实风险管控措施。实施变更后，在合适的周期后应对变更的结果进行评估，核实变更实施的准确性等情况。

（6）变更关闭

变更项目实施完成并正常投用后，由变更申请单位（部门）提出申请，由变更事项批准单位负责变更关闭审核。变更项目关闭前，变更申请单位（部门）应对变更涉及的管理制度、操作规程、P&ID图、工艺参数、设备参数等技术文件同步修改。变更申请单位（部门）应对相关单位进行变更告知，对变更所涉及的管理、操作和维护人员进行培训。

变更项目关闭后，由变更申请单位（部门）纳入正常管理范围进行管理。变更申请单位（部门）应将变更台账纳入管理信息系统管理，台账内容应包括变更编号、变更名称、变更类型、变更评估小组成员、变更风险评估结果、变更审批情况、变更关闭等。

7. 外部提供的过程、产品和服务的控制

设备管理过程中外部提供的过程、产品和服务，包括设备制造、备品备件、状态监测、润滑服务、专业维修、技术改造及相关技术服务等。在进行设备完整性管理时，为确保符合要求，需要建立相应准入机制，进行评价、选择、绩效监视及再评价。

（1）备品配件管理

备品配件的购置与制造的过程控制应符合前期管理的过程质量管理要求。为更科学合理地储备备品配件，应明确储备定额的确定方法及库存管理标准，确保储备成本得到分析、储备质量措施得到执行、储备清单经过审批等。

（2）供应商、承包商管理

设备全生命周期各阶段涉及的供应商、承包商应进行资格和能力审查，签订合同等书面协议时应有设备完整性管理的指标要求，明确检查、审核和评价要求，并及时沟通评价结果。资格和能力审查的内容至少应包括：

① 供应商、承包商的人员、技术和设施能力与所承揽的业务相匹配；

② 供应商、承包商遵守法律、标准、规范和满足客户要求的能力；

③ 供应商、承包商企业质量管理体系、HSE管理体系建立，并得到有效执行。

8. 定时事务

定时事务包括需要定时召开的各类会议、专业管理定时性工作和其他定时性工作的任务触发与结果统计等。由于其具有自动触发工作，所以定时事务对于提高工作时效性和执行力有较大的促进作用。在定时事务的管理上，应规范定时事务的操作流程，明确职责分工，统一操作标准。首先应确定定时事务清单，其次明确定时事务的执行频次和执行时间，并对执行情况进行检查，最后还应根据检查情况进行适当调整，确保其符合管理要求。

9. 专业管理

设备专业管理是设备完整性管理的实施基础和技术载体，设备专业管理包括综合管理、静设备专业、动设备专业、电气专业、仪表专业、公用工程、管道以及其他特定设备及系统管理。企业应积极应用、优化改进相关风险技术方法，为设备全生命周期的专业管理提供技术支持，并达到管理决策所需的技术要求。

（1）综合管理

① 计划管理

针对设备维护、检修、更新、改造等工作，制定年度计划、月度计划、工作规划和策略计划，并对执行情况进行监督、检查和评价。

② 费用管理

规范修理费使用管理，坚持严格管理、合理使用，使修理费的使用具有科学性、合理性、计划性、经济性。定期进行修理费使用情况分析，对费用计划进行分解，对计划执行情况进行监督、考评。

③ 基础数据管理

建立设备基础数据库、运行维护数据库、故障案例库、维修数据库等涉及设备全生命周期的数据链系统，满足设备故障统计、可靠性分析、运行趋势预测、剩余寿命评价、维修策略制定等设备管理需求。推进设备技术档案的数字化转化，包括设计技术文件、制造安装竣工资料、日常维护、检修、改造、更新技术文件等涉及设备全生命周期的各类档案资料。

（2）静设备专业管理

① 压力容器管理

主要内容包括压力容器设计、制造、安装、使用管理（使用登记、变更，检验、检测，修理、改造），报废和更新，安全泄放装置的检定与维护，压力容器事故报告和应急处置等。

② 常压储罐管理

主要内容包括储罐基础数据信息管理、日常维护管理(含年度检查)、基于风险的检验管理、停工检修管理、附属设备设施(呼吸阀、密封系统、防腐涂层、阴极保护、防雷防静电系统、罐基础)管理等。

③ 锅炉管理

主要内容包括锅炉设计、建造(制造、安装、调试)、使用管理(使用登记、变更,运行和维护,检验、检测,修理、改造)、报废和更新,安全泄放装置的检定与维护,锅炉能效测试,蒸汽品质管理与锅炉水处理,锅炉事故报告和应急处置等。

④ 加热炉管理

主要内容包括加热炉的设计、建造、运行和维护、检修管理,加热炉能效监测,加热炉辅助设施和系统管理(空气预热器、烟风道、燃烧器、吹灰器、弹簧吊架、仪表及控制系统、防腐、保温等)。

(3) 动设备专业管理

① 大型机组管理

对大型机组本体及辅助系统实行基于可靠性分析的全生命周期管理,保障机组长周期、稳定运行。主要内容包括机组设计选型、安装与试运,运行状态监测,特级维护管理,检修管理,辅助系统(密封系统、循环水系统、润滑油系统等)管理,控制系统、电气配套系统管理等。

② 机泵管理

主要内容包括机泵的选型、安装、试运与验收,设备分级与日常维护管理,状态监测、可靠性分析和预防性维修,故障分析与处置等。

(4) 电气设备专业管理

① 供电系统管理

主要内容包括供电系统基础管理,设备数据信息维护、维护及巡检管理、缺陷处理等;检修管理,包含“三定”管理以及检修策略制定等;技术管理,涉及继电保护技术监督、绝缘技术监督、状态监测管理等。

② 装置变配电系统管理

规范和指导装置变配电系统的开关柜、变压器等变电设备的管理,提高装置变配电备维护保障水平与可靠性。主要内容包括装置变配电系统基础管理,技术管理,继电保护技术监督、绝缘技术监督、设备状态评估、状态监测管理等;开关柜、变压器等变电设备检修管理,装置变配电系统可靠性分析、风险评估与故障处置等。

③ 特殊电气设备管理

规范和指导变频器、UPS 电源、直流电源、自启动装置等电气设备的管理。主要内容包括设备维护管理(巡检、维护、缺陷管理及检修策略)、设备运行管理(投退、状态监测)等。

④ 电动机/发电机管理

主要内容包括设计选型、安装与试运管理、状态监测和可靠性分析、日常维护、检修管理与故障处置等。

⑤ 电气运行管理

主要内容包括电气调度管理、运行方式管理、系统操作管理、继电保护及自动装置运行管理等。

(5) 仪表设备专业管理

① 现场仪表管理

主要内容包括仪表的设计、选型、安装、调试与验收，仪表设备分级与日常维护管理，可靠性分析、预防性维修和检修管理，故障分析与应急处置，报废和更新等。

② 过程控制系统管理

主要内容包括控制系统的设计、选型、集成、工厂验收(FAT)、安装、调试与现场验收(SAT)，日常维护管理，可靠性分析、预防性维修、系统点检与功能测试管理，控制系统安全与防护管理，故障分析与应急处置，升级和更新等。

③ 联锁保护系统管理

主要内容包括联锁保护系统的安全功能定义、分配及审核，设计、选型、采购、集成与工厂验收(FAT)，安装与调试，SIL 验证与现场验收(SAT)，联锁保护系统运行管理，变更管理，日常维护管理，可靠性分析、预防性维修、系统点检与功能测试管理，在役系统 SIL 评估管理，系统安全与防护管理，故障分析与应急处置，升级和更新等。

④ 可燃/有毒气体检测报警管理

主要内容包括仪表的设计、选型、安装、调试与验收，日常维护、定期校验与强制检定管理，可靠性分析、预防性维修和检修管理，故障分析与应急处置，报废和更新等。

⑤ 在线分析仪表管理

主要内容包括仪表的设计、选型、安装、调试与验收，日常维护、定期校验与数据比对管理，可靠性分析、预防性维修和检修管理，故障分析与应急处置等。

(6) 管道管理

管道管理分为工业管道管理、长输管道管理和公用管网系统管理，包括对管道本体、附件及附属设施(管道支承件、阴极保护系统、防护设施、穿跨越结构、绝热、防腐、标识等)的管理。管道管理的主要内容包括管道设计、制造、安装、使用维护(使用登记、变更，年度检查、检验、检测，安装、修理、改造)、报废和更新，安全泄放装置的检定与维护，管道事故报告和应急处置等。

(7) 公用工程管理

① 工业水管理

规范和指导新鲜水、冷却水、化学水、蒸汽及凝液、回用水等工业用水管理，明确建设项目用水、生产用水、间接循环冷却水、水处理药剂管理、汽水品质管理、计量管理等要求。

② 空分系统管理

规范和指导空分、空压装置设备的选型配置、运行维护管理、检修、改造、更新以及风、氮、氧系统的产品质量管控。

③ 储运系统管理

规范和指导储存罐区、装卸站台、输送系统设备的选型配置、运行维护管理、检修、改造、更新、故障处理及应急保障等。

④ 其他

(a) 机电类特种设备。对电梯、起重机、场(厂)内机动车辆等机电类特种设备实行全生命周期管理。主要内容包括设备设计、制造、安装调试、使用管理(使用登记、变更，检验、检测，修理、改造)、报废和更新，事故报告和应急处置等。

(b) 阀门管理。规范阀门管理。主要内容包括阀门的选型与购置、阀门的使用与维护、阀门故障处理、阀门检修以及阀门附属系统管理。

(c) 绝热管理。规范设备保温和保冷的管理。主要内容包括选材的标准、施工的程序和要求、日常维护检查(局部修补)的内容和要求、质量检查与能效测试等。

(d) 建构筑物管理。规范设备厂房、钢结构、设备基础、管架支承等建(构)筑物管理。主要内容包括建(构)筑物的设计、安装、质量检查与验收、日常维护、检查、测试与维修等。

10. 技术管理

技术管理是支撑设备专业管理的具体方法和措施。设备技术管理包括检验管理(含RBI)、防腐蚀管理、状态监测与分析管理、润滑管理、可靠性维修管理等技术方法应用管理。

(1) 检验管理(含 RBI)

规范承压设备检验管理工作，通过资源与技术、管理措施的优化，实现本质安全和降低成本的目标。主要内容包括检验模式、策略、标准的选择，检验工作流程管控，延期检验的处理，基于风险的检验模式下风险分析、降险措施执行、风险再评估等。

(2) 防腐蚀管理

主要内容包括工艺防腐蚀管理、设备防腐蚀管理(腐蚀监测与检测、停工腐蚀检查、腐蚀失效管理、腐蚀数据库建立、材质适应性评价等）、防腐蚀策略措施的有效性评价等。

（3）状态监测与分析管理

规范设备状态监测、故障诊断、运行状态分析与评价等工作要求，实现对设备故障作早期预测，为设备基于运行状态的预测性维修提供可靠依据。主要内容包括明确工作范围和要求，建立状态监测与故障诊断的流程，制定基于设备类型和故障可探测性的设备分类监测方案，确定设备能效、运行状况、故障判断评价准则等。

（4）润滑管理

规范润滑油品的计划、采购、保管、现场使用、在用油品的定期检验与回收等全过程管理。保证设备润滑系统正常，提高设备生产效率，延长设备和备件使用寿命，减少设备故障和事故发生。

（5）泄漏管理

对现场泄漏点的查找、登记、挂牌、泄漏量监测、维修和消缺实行闭环管理。主要内容包括泄漏管理工作范围与检查计划，泄漏点管理工作内容、程序和要求，泄漏量检测的方法与控制指标，泄漏数据管理与分析、评价等。

（6）可靠性维修管理

积极采用 FMEA、RCM、RCA、FTA 等可靠性分析方法，进行设备可靠性状况分析，优化设备维修策略，促进以可靠性为中心的维修工作开展。主要内容包括装置设备可靠性数据收集、数据库建立，设备可靠性分析技术应用，检查、测试和预防性维修等维修管理活动方案制定与实施，维修策略制定与优化等。

（7）表面工程管理

合理选用表面改性、表面处理、表面涂覆、复合表面工程等表面工程技术，改善设备表面状态，增强耐蚀性、耐磨性、耐疲劳、耐氧化、防辐射等性能，提高设备的使用寿命和可靠性。

六、绩效评价

绩效评价要素设置了监测、测量、分析和评价，内部审核，管理评审，外部审核四个二级要素。

1. 监测、测量、分析和评价

（1）监视、测量

建立和改进设备完整性管理检查评价标准，开展日常检查、设备专业专项检查、集团公司设备大检查自查等活动，检查和测量设备管理状况。其监视测量应确定检查范围、检查内容、检查方式、检查时限、检查的分析与评价方法以及检查结果的公布方式。

（2）KPI 和分析评价

根据自身设备管理的特点、风险和其他相关要求，制定量化的绩效指标并定期进行评估，通过相关数据分析和评价管理体系的适宜性、充分性和有效性，在本书的后续章节中将对设备 KPI 进行详细叙述。

绩效指标包括目标指标实现情况、关键任务和计划的进度、设备关键特性指标。绩效指标分为被动指标和主动指标，设备被动绩效指标涉及设备故障导致的火灾、爆炸、泄漏、人身伤害、非计划停车等，设备主动绩效指标涉及设备安全性、设备可靠性、设备效率、成本能效等。企业应设置年度目标值，并进行监测。对绩效指标的负面变化趋势应进行原因分析，采取纠正预防措施。

2. 内部审核

至少每年进行一次设备完整性管理体系运行情况内部审核，验证设备完整性管理是否得到了有效执行与保持。设备完整性管理的内部审核可以与企业一体化管理体系的内审活动合并进行。内审时应确定以下内容：

① 策划、建立和实施审核方案，包括频次、方法、职责、策划要求和报告等；

② 确定审核的准则和范围；

③ 选择审核员并实施审核，以确保审核过程的客观公正；

④ 确保将审核结果报告给相关管理者；

⑤ 保留文件化信息，作为实施审核方案和审核结果的证据。

3. 管理评审

设备完整性管理评审一般每年一次，以确保设备管理体系持续的适宜性、充分性和有效性。设备完整性管理评审可以与公司一体化体管理体系的评审活动合并进行，评审应包括评价改进的可能性和改进设备管理的必要性。管理评审的输入包括：

① 设备方针、目标和计划的实现程度；

② 适用法律法规、标准的合规性评估结果；

③ 设备风险评估结果，整改措施跟踪情况；

④ 设备管理绩效指标及趋势；

⑤ 事件、故障、不符合调查结果，纠正和预防措施的执行情况；

⑥ 设备完整性管理活动及体系运行审核结果；

⑦ 以前管理评审的后续措施；

⑧ 改进建议。

管理评审的输出应符合持续改进的承诺，并应包括持续改进的决策和措施。

4. 外部审核

集团公司设备大检查是外部审核的一种形式。企业根据需要可委托专业评审机构开展设备完整性管理体系审核，并结合实际情况将其纳入企业一体化管理体系审核，审核结果纳入企业绩效考核。

七、改进

改进要素设置了不符合和纠正预防措施、持续改进两个二级要素。

1. 不符合和纠正预防措施

(1) 不符合与事件的调查

设备完整性管理有关的不符合项与事件应进行调查和处理。调查组成员应包括接受过设备事件调查方法培训的人员，具有相应专业知识与经验的专业技术人员。调查内容应包括：

① 采取措施减少不符合项或事件所带来的后果；

② 调查不符合项与事件，确定它们的根本原因；

③ 评价是否需要预防措施；

④ 与相关方沟通调查的结果；

⑤ 跟踪验证纠正预防措施的有效性。

(2) 设备事故管理

设备事故发生后，基层单位应按照管理程序逐级上报设备管理部门，并采取相应的应急措施，依据上述要求开展设备事故调查工作。可根据实际情况，针对影响安全生产的设备事件、故障、功能失效等，组织开展设备失效分析工作，确定失效机理并制定改进措施。对于设备事故、重大的设备故障和重复性不符合项应进行根原因分析，找出问题的根本原因并加以解决。设备事故分析报告应通过报告分发、会议或培训的形式，对失效原因和纠正预防措施与相关人员(包括设计、采购、使用、维护等)进行沟通。

(3) 纠正预防措施

在设备完整性管理过程中，各级人员应主动识别设备管理绩效中的潜在问题，评估是否采取预防措施以及预防措施的有效性。

① 观察到不符合与突发事件时，应立即启动应急预案或控制措施。

② 设备管理人员应根据失效分析和根原因分析结果制定纠正和预防措施。必要时，应针对纠正预防措施的适用性和有效性进行会议评审。

③ 纠正预防措施应考虑设备安全性、可靠性、经济性以及对生产装置长周期运行的影响。

2. 持续改进

持续改进是保持设备完整性管理体系的适宜性、充分性和有效性的主要途径，通过持续改进可以提升设备管理绩效。可结合企业内审、管理评审以及外部审核情况，开展形式多样的改进活动，如“改善经营管理建议工作”“低头捡黄金”、QC 活动、现代化管理等，落实改进的管理职责。

附录 设备完整性管理体系的要素设置

炼化企业设备完整性管理体系要求	
章条号	章条标题
	前言
1	目的和范围
2	规范性引用文件
3	术语、定义和缩略语
3.1	术语和定义
3.2	缩略语
4	组织环境
4.1	理解体系运行环境
4.2	理解相关方的需求与期望
4.3	确定设备完整性管理体系的范围
4.4	明确设备完整性管理体系与其他体系的关系
5	领导作用
5.1	领导作用和承诺
5.2	管理方针
5.3	组织机构、职责和权限
6	策划
6.1	法律法规和其他要求
6.2	初始状况评审和策划
6.2.1	初始状况评审
6.2.2	设备完整性管理体系策划
6.3	管理目标
6.4	风险管理策划
7	支持
7.1	资源
7.2	能力
7.3	意识
7.4	沟通
7.5	培训
7.5.1	确定培训需求
7.5.2	培训策划及实施
7.5.3	培训效果的验证和记录
7.5.4	承包商培训

续表

炼化企业设备完整性管理体系要求	
章条号	章条标题
7.6	文件和记录
7.6.1	总则
7.6.2	数据信息要求
7.6.3	文件控制
7.6.4	记录控制
8	运行
8.1	设备分级管理
8.2	风险管理
8.2.1	风险识别
8.2.2	风险评价
8.2.3	风险控制
8.2.4	风险监测
8.3	过程质量管理
8.3.1	总则
8.3.2	前期管理
8.3.2.1	设计选型
8.3.2.2	购置与制造
8.3.2.3	安装施工
8.3.2.4	设备投运
8.3.3	使用维护
8.3.4	设备修理
8.3.5	更新改造
8.3.6	设备处置
8.4	检验、检测和预防性维修
8.4.1	总则
8.4.2	检验、检测和预防性维修
8.5	缺陷管理
8.5.1	缺陷识别与评价
8.5.2	缺陷响应与传达
8.5.3	缺陷消除
8.6	变更管理
8.6.1	总则

续表

炼化企业设备完整性管理体系要求	
章条号	章条标题
8. 6. 2	变更申请
8. 6. 3	变更评估
8. 6. 4	变更审批
8. 6. 5	变更实施
8. 6. 6	变更关闭
8. 7	外部提供的过程、产品和服务的控制
8. 7. 1	总则
8. 7. 2	备品配件管理
8. 7. 3	供应商、承包商管理
8. 8	定时事务
8. 9	专业管理
8. 9. 1	总则
8. 9. 2	综合管理
8. 9. 3	静设备专业管理
8. 9. 4	动设备专业管理
8. 9. 5	电气设备专业管理
8. 9. 6	仪表设备专业管理
8. 9. 7	管道管理
8. 9. 8	公用工程管理
8. 9. 9	其他
8. 10	技术管理
8. 10. 1	总则
8. 10. 2	检验管理
8. 10. 3	防腐蚀管理
8. 10. 4	状态监测与分析管理
8. 10. 5	润滑管理
8. 10. 6	泄漏管理
8. 10. 7	可靠性维修管理
8. 10. 8	表面工程管理
9	绩效评价
9. 1	监视、测量、分析和评价
9. 1. 1	监视、测量

续表

炼化企业设备完整性管理体系要求	
章条号	章条标题
9.1.2	KPI 和分析评价
9.2	内部审核
9.3	管理评审
9.4	外部审核
10	改进
10.1	不符合和纠正预防措施
10.1.1	不符合与事件的调查
10.1.2	设备事故管理
10.1.2.1	事故报告和调查
10.1.2.2	失效分析
10.1.2.3	根原因分析
10.1.2.4	沟通与跟踪
10.1.3	纠正预防措施
10.2	持续改进

第三章

体系策划与实施

构建设备完整性管理体系要深刻认识设备完整性管理体系的重要意义，要强化使命担当意识、强化改革创新意识、强化团队协同意识，在设备完整性管理体系推广领导小组一体统筹下协同推进，真正构建起环环相扣、层层落实的设备完整性管理体系。

策划和实施设备完整性管理体系过程中，要坚持“三个符合”“五个注重”基本原则。这八项原则是编制其他专项方案和制度文件时的依据和出发点。

一、“三个符合”原则

（1）要符合国家法律法规、标准规范和企业级设备管理相关要求。

（2）要符合炼化企业设备完整性管理体系相关要求，体系结构要符合设备完整性管理体系推广实施方案和管理程序等基本管理要求。

（3）要符合企业一体化管理手册、职责划分手册、管理规定、文件控制程序和内控管理制度等要求，符合企业设备专业化管理理念，传承企业设备管理特色，与企业设备管理发展规划相匹配。

二、“五个注重”原则

（1）要注重设备管理的整体性，要涵盖企业成套装置所有设备设施的管理，根据企业设备管理实际情况，融入设备完整性管理体系要素，必须涵盖全部设备管理活动，具可操作性。

（2）要注重树立基于风险管理和系统化的思想，采取规范设备管理和改进设备技术的方法，体现管理规范性和技术先进性。

（3）要注重贯穿设备整个生命周期的全过程管理，包括设计、购置与制造、工程建设、投运、运行维护、设备修理、更新改造、报废处置等全生命周期管理。

（4）要注重管理与技术相结合，以整合的观点提出解决方案和措施，策划涉及设备各专业管理，包括综合、静设备、动设备、电气、仪表、公用工程、管道及其他特定设备及系统管理。

（5）要注重遵循 PDCA 循环的原则，体现设备完整性管理体系不断完善、持续改进的理念。

三、设备完整性管理体系策划与实施的内容

至少应该包括以下几个方面：

(1) 建立完善体系文件，规范业务流程。在企业一体化管理手册、职责划分手册、内控管理制度等要求下，建立设备完整性管理体系文件。包括管理手册、程序文件、作业文件三个层次文件。同步梳理出适合本企业的规范化业务流程。

(2) 设备完整性管理信息平台搭建。在现有设备管理系统(EM 系统、腐蚀检测系统、机组状态监测系统、检修改造信息管理平台等)的基础上，通过完善系统功能、增加管理模块等方式，结合集团公司设备域健康管理平台建设，搭建具有企业特色的设备完整性健康管理信息平台。

(3) 技术方法集成应用。采用风险分析、可靠性分析等完整性管理相关技术方法，在成套装置设备全生命周期进行集成应用，从而实现技术方法与管理方法相结合的完整性管理实践。

(4) 建立可靠性工程师团队和管理体系运行机制。成立可靠性工程师团队，根据集团公司炼化企业设备完整性管理体系运行机制，将设备完整性管理体系管理要素、设备专业管理(技术管理)、组织架构与人员职责有机结合，实现体系的有效运行。

(5) 体系发布与实施。召开企业设备完整性管理体系(或一体化体系)发布会，宣示企业将遵循相关体系要求，调动全部资源，确保体系有效落地。对各级各类人员开展适当的培训，确保不同责任主体具备相应的知识和技能，减少人为错误的机会。

(6) 持续改进，评审及验收。综合运用管理咨询、培训、内部审查的方法，持续提升体系运行水平和管理有效性。采取第三方团队独立评审，评审组通过查阅资料和台账与企业管理人员和维保单位座谈、现场检查等形式，查出体系要素不符合项，出具偏差分析报告，按时间节点完成整改，完成体系建设验收。

第一节 总体进度安排

企业设备完整性管理体系的策划和实施工作一般可分为前期准备和五个阶段：

- 前期准备；
- 第一阶段：初始状况评审；
- 第二阶段：整体策划；
- 第三阶段：体系文件编写和审查；
- 第四阶段：体系文件发布和体系实施；
- 第五阶段：审核和管理评审。

根据各炼化企业设备完整性管理体系建设实践经验，为了达到较好的实施效果，总体时间进度控制参见图 3-1 和表 3-1。实施单位可以根据企业规模、完整性体系实施的范围及程度、企业设备长周期运行状况等实际情况做出适当调整。

表 3-1 企业设备完整性管理体系建设与实施时间进度表

阶段	项目	约 2.5 个月			约 2 个月				约 3 个月			约 1 个月		约 1 年	约 3.5 个月				
		1 周	3 周	6 周	2 周	2 周	3 周	1 周	2 周	9 周	3 周	2 周	2 周		2 周	3 周	4 周	3 周	2 周
初始状况评审	工作准备																		
	现场调研及资料收集																		
	人员培训及现状评审																		
体系整体策划	制定风险管理程序																		
	关键要素策划																		
	制定管理手册及提出文件目录																		
	项目工作组培训																		
体系文件编写及审查	体系文件梳理分析																		
	体系文件编写																		
	体系文件审查																		
体系实施	体系文件发布																		
	人员培训																		
	建立绩效指标																		
	体系试运行																		
	体系文件修订完善																		
审核和管理评审	审核员培训																		
	内部审核																		
	不符合整改																		
	设备绩效指标趋势分析																		
	管理评审																		
	报告编制																		

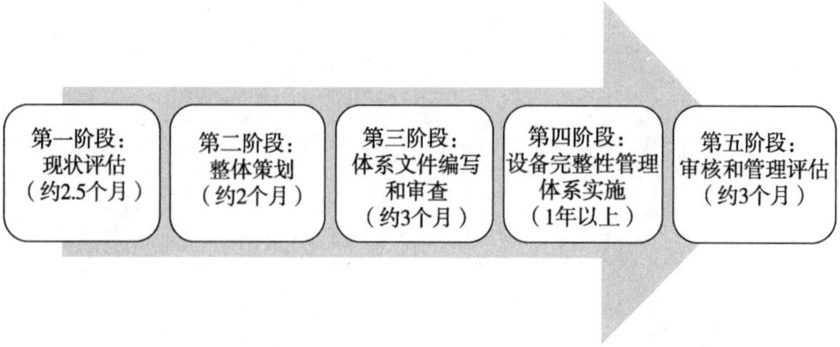

第一阶段：现状评估（约2.5个月）
第二阶段：整体策划（约2个月）
第三阶段：体系文件编写和审查（约3个月）
第四阶段：设备完整性管理体系实施（1年以上）
第五阶段：审核和管理评估（约3个月）

图 3-1　企业设备完整性管理体系建设与实施时间进度

第二节　前期准备

一、企业设备完整性管理初始状况评审

1. 评审目的

开展企业设备完整性管理初始状况评审是为了了解企业设备管理现状与完整性管理要求之间的差距，查找企业设备管理的薄弱要素和设备残余风险分布，明确目前所处的状况，为策划、实施设备完整性管理体系提供依据和基准，并提出策略性改进建议。

2. 评审工具、方法和过程

在企业设备完整性管理初始状况评审过程中，涉及评审工具、方法和过程要求。

（1）评审工具

评审工具包括现状评审表、企业设备管理制度梳理表。

（2）评审方法

评审方法采用文件查阅、现场调查及人员访谈等方式，具体形式包括但不局限于：

- 与公司管理层、现场管理人员和操作人员进行面谈；
- 与承包商作业人员进行面谈；
- 查看设备管理文件及相关的文档记录；
- 查看相关技术图纸和资料；
- 到作业现场查看相关设施、设备；
- 到作业现场观察正在进行的作业活动；
- 对相关的设备设施进行测试等。

（3）评审过程

在评审过程中，涉及首次会议、审查企业设备管理文件、现场评价、总结会议等。

3. 评审工作组组成和培训

(1) 评审工作组

企业设备完整性管理初始状况评审可分为动设备组、静设备组、电气设备组、仪表设备组、综合管理组(包括风险危害分析),由设备完整性管理技术专业人员与所属企业人员组成,涵盖工艺、静设备、动设备、电气、仪表、安全、工程、综合管理等各专业。

(2) 培训

企业设备完整性管理初始状况评审过程中要开展培训工作,涉及两个层面:对企业管理层开展领导意识培训,提高对设备完整性管理体系的认识;对评审工作组开展评审技能的培训,强化评审工作人员的评审能力。以下对培训人员、培训内容、培训方式进行简要介绍。

① 培训人员

企业领导、各部门/单位领导、设备主管人员、评审工作组全体人员等。

② 培训内容

- 企业建立和实施设备完整性管理体系的目的、要求和步骤;
- 国内外设备完整性管理体系动向、国内石油化工企业设备管理理念及最新要求;
- 管理体系相关标准;
- 建立设备完整性管理体系应注意的事项;
- 石油化工企业设备完整性管理体系规范及其实施方案;
- 现状评估表及现状评估方法等。

③ 培训方式

采取集中培训的方式,时间约为 2 天。

4. 初评前需要准备的资料

在企业设备完整性管理初始状况评审前,要进行相关资料的准备,具体包括但不局限于以下内容:

(1) 公司及二级单位的生产运营情况;

(2) 公司及二级单位设备管理机构的岗位设置、人员分工与职责等情况;

(3) 公司及二级单位的质量、HSSE 及其他管理体系及一体化情况,提供管理手册、程序文件目录清单;

(4) 公司及二级单位的各类信息化管理系统简介及功能;

(5) 公司及二级单位的设备管理目标及分解情况;

(6) 公司及二级单位的设备管理制度、总工艺流程与工艺说明,评估装置的工艺流程图、关键设备台账;

(7) 设备全生命周期管理主要业务流程;

(8) 设备年度工作总结报告、各类风险评估报告、设备隐患治理报告、设备故障与事故分析报告、非计划停工分析报告;

(9) 提供近两年各级设备管理、技术、操作人员培训方案、培训计划、培训记录;

(10) 关键设备的设计、制造、安装、调试及验收的规范与标准、质量记录报告;

(11) 各类设备技术方案(关键设备维护保养方案、大检修方案、设备防腐方案、关键设备检验、检测方案);

(12) 承包商和供应商目录及其管理情况;

(13) 作业许可管理情况;

(14) 近两年技改技措项目目录。

5. 工作步骤与内容

企业设备完整性管理初始状况评审工作组按照现场评估、设备管理制度梳理、现状评审报告编写与专家审核的步骤开展评审工作,以下对这三个评审步骤的内容进行介绍。

(1) 现场评估

各评审工作小组,通过资料查阅、现场抽查及人员访谈等形式,全面评价各自专业设备寿命周期全过程管理,完成现状评审表,识别出设备危害与风险所在,明确设备管理现状与完整性管理要求之间的差异。每天下午召开评估工作例会,及时研讨相关问题。

(2) 设备管理制度梳理

依据完整性管理一、二级要素,对企业设备管理制度进行全面梳理,找出设备管理薄弱部位,从管理层面和技术层面,提出需要增加的设备管理程序或办法目录。同时,结合企业实际,进行各级设备管理工作流程和各级设备管理制度的优化,避免复杂与重复。

(3) 现状评审报告编写与专家审核

依据现状评估表,应用数理统计和风险评价的方法,全面分析企业设备管理状况,总结设备管理优点和特色做法,识别出与完整性管理存在差距的管理要素,明确目前设备残余风险分布,结合企业设备管理制度的梳理,提出完整性管理体系文件目录,最后,根据完整性体系策划、相关法律法规和集团公司要求及国内外优秀管理实践,提出相关改进建议。召开专家审查会,全面修改完善评估报告。

二、组建设备完整性管理体系建设机构

设备完整性管理体系建设机构由企业统筹安排,完整性管理专家咨询组负责策划和指导企业建立和实施设备完整性管理体系的工作。建议企业在成立体系建设机构时从三个层面进行组建,体系建设机构的典型形式见图 3-2。

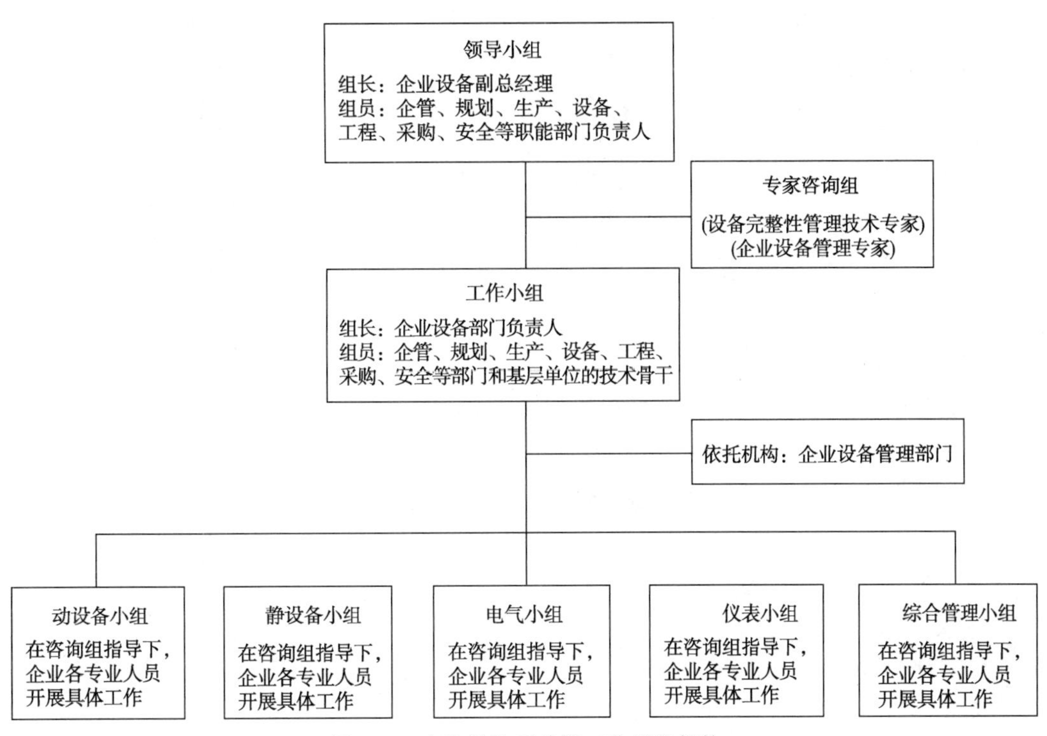

图 3-2　完整性体系建设工作组织架构

1. 设备完整性管理体系推进领导小组

成立设备完整性管理体系推进领导小组，由分管设备的副总经理担任组长，成员由企业企管、规划、生产、设备、工程、采购、安全等相关职能部门的负责人组成。

2. 设备完整性管理专门的工作机构

成立设备完整性管理专门的工作机构，或依托企业设备管理部门，负责设备完整性管理体系的建立、运行和保持工作。

3. 设备完整性管理体系建设和实施工作组

由企业企管、规划、生产、设备、工程、采购、安全等相关职能部门和基层单位的骨干人员组成，负责体系建立和实施过程中具体工作。

三、组织设备完整性管理体系知识培训

在设备完整性管理体系实施的前期准备过程中，为了让企业设备管理人员充分系统地了解设备完整性管理体系思想，学习设备完整性管理体系知识，强化设备管理人员体系思维、管理能力和意识，更好地开展体系建设工作，应开展基础培训工作。企业应识别培训需求，分层次、分阶段开展设备完整性管理培训。依据不同的对象确定相应培训内容，评价培训效果。使企业员工建立基于风险与全生命周期的设备管理理念，掌握设备完整性管理方法。这一阶段的课程设计基于体系基础策划阶段特点，以理论学习为

主，不排除部分课程内容会在以后体系建设过程中进一步结合实际案例深化讲解。

1. 培训对象

推广企业设备完整性管理体系领导小组、工作小组全体成员，设备管理部门、工程管理部门、物资装备部门、企业管理部门、发展规划部门、人力资源部门、生产调度部门、安全环保部门、信息管理部门、生产作业部以及其他参与设备完整性管理体系策划、建设、运行、评审、改进的相关人员。

2. 培训时间及内容

培训分为两个阶段开展，其中1~9项课程为第一阶段内容，使企业员工了解设备完整性管理体系知识，初步形成体系思维；10~16项课程为第二阶段培训内容，强化设备管理人员体系思维、管理能力和意识，具体的培训内容与学时见表3-2。

表3-2 培训课程与学时

序号	课程名称	学时
1	过程安全管理	4
2	机械完整性	2
3	资产完整性	2
4	炼化企业设备完整性管理体系要求V1.0版	4
5	设备缺陷管理程序讲解	2
6	设备分级管理程序讲解	2
7	定时事务管理程序讲解	2
8	设备完整性管理绩效指标(KPI)讲解	2
9	基于体系思维的设备大检查方法与设计思想	4
10	设备完整性管理体系实施方案及推广经验介绍	4
11	炼化企业设备完整性管理体系实施方案	2
12	某企业设备完整性管理体系建设经验	2
13	某企业设备完整性管理体系建设经验	2
14	某企业设备完整性管理体系建设经验	2
15	初始状况评审方案及评估方法	2
16	设备完整性管理系统功能与应用	2

3. 培训组织及开展形式

培训形式推荐采用集中授课的方式，根据情况布置适量的课后作业。由企业选择合适的培训场地并组织本企业人员参加，技术支持机构负责组织培训教师开展培训工作。

4. 推荐自学教材

为了更好地开展体系建设工作与设备完整性管理体系建设，企业相关设备管理人员应开展自学，推荐的自学教材及文件如下：

- 《化工过程安全管理与技术》，中国石化出版社出版；

- 《机械完整性管理体系指南》，中国石化出版社出版；
- 《资产完整性管理指南》，中国石化出版社出版；
- 《炼化企业设备完整性管理体系 1.0 版》；
- 《石化设备缺陷管理程序》；
- 《石化设备分级管理程序》；
- 《石化设备定时事务管理规定》；
- 《石化设备完整性管理绩效指标(KPI)》。

四、成立设备完整性管理工作机构

设备完整性管理工作机构是设备完整性管理体系的运行基础，是设备完整性管理体系有效运行的重要保障。企业可建立由设备管理部门牵头，相关处室各负其责，专业团队、区域团队各司其职的运行模式；同时设立设备专家团队、可靠性工程师、现场工程师和维护工程师等角色。

企业应对设备完整性管理所涉及的岗位进行培训和资格认证，确保人员能力和思想意识满足要求。为保障企业设备完整性管理体系的建立和正常运行，应对企业设备管理部门和各设备专业管理团队明确基本职责，以下为具体的职责介绍。

1. 企业设备管理部门

各企业的设备管理部门，是设备完整性管理体系推进领导小组、设备完整性管理体系建设工作小组办公室所在部门，负责本企业的设备管理统筹规划。建立企业的设备完整性管理体系和相应的组织架构；负责组织制订企业设备管理的方针、目标，设备管理KPI 指标和预防性工作策略；负责制定企业设备管理制度与程序、发布各类设备技术标准和规范。负责设备专家团队、可靠性工程师团队、现场工程师团队和维护工程师团队的业务管理；负责重大检维修项目的审批。负责组织运行本企业设备完整性管理体系，并定期开展完整性管理体系的评审和持续改进工作。负责组织本企业按照设备完整性管理体系的要求，开展设备隐患排查和风险管控工作，负责组织全公司设备风险评估。负责组织推行设备的全过程管理。

2. 企业设备专家团队

各企业的设备专家团队由企业设备管理部门组建并受其委托，负责企业设备专业技术管理工作的总体规划与实施指导。负责制订各专业设备工作方针、目标、设备管理KPI 指标和工作策略。负责组织专业团队开展设备管理 KPI 指标统计分析与评价工作，并提出优化建议和措施。负责指导专业团队实施设备工作策略和工作计划。负责推广和应用新技术、新工艺、新材料、新设备。负责编制企业技术规范，审定并指导实施关键、重大设备检修、改造、更新、试车等技术方案。负责组织主要设备的设计选型技术论证。

3. 设备管理专业团队

设备管理专业团队是设备完整性体系运行的专业管理团队，归属设备管理部门领导，接受设备专家团队的技术指导，由设备专业工程师和可靠性工程师组成。负责落实各专业设备管理目标和规划，实施各专业设备工作策略和工作计划。负责各专业设备KPI指标的运行、评估和持续改进。负责检查监督各专业设备完整性体系运行，保障设备管理制度在本专业的落实执行。负责组织开展以可靠性为基础的专业设备管理工作。负责组织本专业设备隐患排查和风险管控，负责组织本专业的设备风险评估，专业设备故障(事故)的根原因分析，负责一般检维修项目的审批和方案制定。

4. 区域设备管理团队

区域设备管理团队是设备完整性管理体系运行的基层执行团队，由区域设备分管领导负责，组织协调可靠性工程师、现场工程师和维护工程师共同完成区域设备管理工作。负责制定并实施区域设备管理目标、KPI指标和工作计划。负责设备完整性管理体系在本区域的正常运行，执行各项设备管理制度和技术规范要求。负责在区域内组织开展以可靠性为基础的设备专业管理工作，负责开展区域内设备隐患排查，实施风险管控。负责组织区域内设备检修改造和技术攻关。

5. 维护维修服务团队

维护维修服务团队是设备完整性管理体系运行的重要组成部分。负责落实设备管理目标和工作策略要求，执行工作计划。负责落实设备完整性体系管理要求，执行各项设备管理制度和技术规范。负责组建区域设备维护团队并开展工作。负责开展以可靠性为基础的设备预防性维修工作。负责提高检维修技术与装备水平。

6. 可靠性工程师团队

可靠性工程师团队为完整性管理提供技术支持。可靠性工程师团队可由企业设备管理部门、二级单位专业工程师和维保单位专业工程师组成，负责设备全生命周期管理、策略制定、风险管控和开展以可靠性为基础的预防性维修工作。

第三节　体系文件编制

遵循公司一体化管理体系及内控管理制度的要求，建设设备完整性管理体系文件，包括管理手册、程序文件、作业文件三个层次文件，以推进设备管理体系化、规范化、标准化。设备完整性管理体系各管理要素之间应紧密相关，相互渗透，保证体系的符合性、系统性和规范性。通过计划、实施、监督检查及评审改进全过程的运行控制和闭环管理，确保设备完整性管理体系有效运行，不断提高设备完整性管理水平。

根据相关文件(如《中国石化炼化企业设备完整性管理体系要求》)建立体系环境、

领导作用、策划、支持、运行、绩效评价和改进等一级要素。运行要素重点包含分级管理、风险管理、过程质量管理、检验检测和预防性维修、缺陷管理、变更管理、外部提供的过程产品和服务控制(简称外部控制)、定时事务、专业管理和技术管理等二级要素。为了监控体系运行过程中各要素的执行情况，确保体系高效运行，设立定时事务；将公用工程管理、大检修实施管理和计划费用管理等设备综合管理模块纳入专业管理范畴，将承包商管理、备品备件管理等业务纳入外部控制要素中。表 3-3 是某企业的三级文件体系，可供参考。

表 3-3 企业的三级文件体系范例

序号	文件类型	企业三级文件名称	编制依据
1	体系文件（一级）	公司设备完整性管理体系手册(含方针目标、管理规划、机构/培训/文件)	中国石化炼化企业设备完整性管理体系规范
2	程序文件（二级）	设备前期管理(QA)管理程序	炼化企业设备过程保证管理程序
3		设备现场管理程序	炼化企业设备过程保证管理程序
4		公司设备检修管理细则	炼化企业设备过程保证管理程序
5		设备运行管理程序	炼化企业设备过程保证管理程序
6		设备维护维修(ITPM)计划费用管理程序	炼化企业设备检验、检测和预防性维修(ITPM)管理程序
7		设备缺陷管理程序	炼化企业设备缺陷管理程序
8		公司设备变更管理细则	炼化企业设备变更管理细则
9		设备风险管理细则	炼化企业设备风险管理细则
10		××分公司设备处置管理细则	炼化企业设备过程保证管理程序
11		设备完整性绩效管理程序	炼化企业设备完整性绩效管理程序
12		设备评审改进管理程序	
13		设备临时事务管理程序	
14		设备定时事务管理程序	
15		公司设备分级管理程序	炼化企业设备分级管理程序
16		公司设备缺陷管理程序	炼化企业设备缺陷管理程序
17		企业设备完整性管理体系绩效指标	炼化企业设备完整性管理体系绩效指标
18	作业文件（三级）	根原因分析(RCA)管理办法	炼化企业设备故障根原因分析(RCA)管理办法
19		公司检维修工程项目承包商安全管理细则	承包商安全管理规定
20		公司疏水阀管理实施细则	《公司设备管理办法》
21		公司对介质泄漏实行挂牌整改的管理办法	《设备管理规定》
22		公司仪控设备管理实施细则	《设备管理办法》
23		公司空分设备管理实施细则	《空分装置安全运行规定》
24		公司常压储罐管理实施细则	《设备管理办法》
25		公司机泵设备管理规范	《炼化企业机泵管理规定》
26		公司锅炉设备及运行管理实施细则	《设备管理办法》《锅炉设备及运行管理规定》

续表

序号	文件类型	企业三级文件名称	编制依据
27	作业文件（三级）	公司压力管道管理实施细则	《特种设备安全法》《特种设备安全监察条例》《压力管道安全技术监察规程》
28		公司修理计划管理业务规范	
29		公司设备检修管理业务规范	炼化装置设备检修管理规定
30		公司维修维护主材管理规定	
31		公司加热炉管理实施细则	加热炉管理规定
32		公司炼油设备防腐蚀管理实施细则	《炼化企业设备防腐蚀管理规定》
33		公司检维修工程项目招投标管理业务规范	
34		公司检维修工程合同管理业务规范	《公司合同管理实施细则》
35		公司大型机组管理规范	《炼化装置大型机组管理规定》
36		公司电梯、起重机械、厂(场)内机动车辆管理规范	《中华人民共和国特种设备安全法》《特种设备质量监督与安全监察规定》(国家质量技术监督局令第13号)、《特种设备安全监察条例》(中华人民共和国国务院令第373、549号)
37		公司动力系统运行方案	
38		公司电气设备及运行管理实施细则	《设备管理办法》
39		公司循环水系统运行管理规范	《公司工业水管理办法》《水务管理技术要求 第2部分：循环水》QSH 0628. 2—2014
40		公司压力容器管理实施细则	《特种设备安全法》《特种设备安全监察条例》《固定式压力容器安全技术监察规程》《设备管理办法》
41		公司生产装置现场介质泄漏排放管理实施细则(试行)	
42		公司仪表联锁保护系统管理实施细则	《设备管理办法》 《安全仪表系统安全完整等级评估管理规定(试行)》
43		公司检维修业务外委管理办法	《外委检维修承包商资源库管理办法《炼化企业检维修业务外委管理有关规定》
44		公司在用设备(设施)改造管理办法	《设备管理办法》
45		公司控制系统管理实施细则	《石化工业控制系统管理办法(试行)》
46		设备现场管理规范看板使用管理规定	
47		企业转动设备预防性工作策略	炼化企业预防性工作策略
48		企业静设备预防性工作策略	炼化企业预防性工作策略
49		企业电气预防性工作策略	炼化企业预防性工作策略
50		企业仪控预防性工作策略	化炼化企业预防性工作策略
51		企业综合定时性工作表	炼化企业定时性工作表
52		企业转动设备定时性工作表	炼化企业定时性工作表
53		企业静设备定时性工作表	炼化企业定时性工作表
54		企业电气定时性工作表	炼化企业定时性工作表
55		企业仪控定时性工作表	炼化企业定时性工作表

第四节 技术方法集成应用

设备完整性管理平台以风险管控为核心，将外部的技术工具包和专业管理系统通过系统功能集成外挂于本系统，系统通过借助这些技术分析工具和专业管理系统实现对设备的风险评估、管控、预测以及各专业事务的管理。系统采用标准化接口，数据内容可以自定义，充分利用已有系统，具有开放性，可根据需要自由挂接技术工具包和外部系统。

设备完整性管理系统和平台需要大量技术方法作为支撑，其核心是要建立在统一的数据库基础之上。图 3-3 提供一种可供参考的以数据流为核心构建的设备完整性管理技术体系。

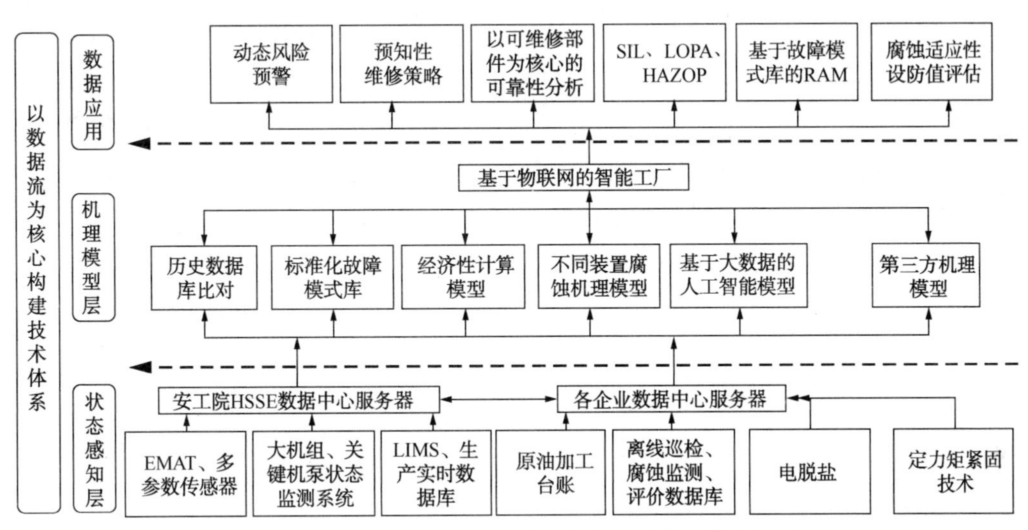

图 3-3 以数据流为核心构建设备完整性管理技术体系

状态感知层重点是推进设备健康管理平台建设，实现设备测控自动化。增加泵群、腐蚀状态监测基础布点，增加设备状态红外视频监控、大机组运行状态远程监控与诊断系统等状态监测系统和平台，夯实信息化源头。集成的外部系统包括项目管理、KPI 管理、巡点检、能效监测、低压控制、电气报警、联锁监控、自控率、培训管理、修理费管理等系统，为设备完整性管理系统和平台提供必要的设备状态数据。

机理模型层重点是利用状态感知层获取的数据，通过专业模型，计算得到可供决策参考的控制参数、关键绩效指标等。

数据应用层主要是在炼化装置全生命周期不同阶段，推荐使用不同的技术工具，集成的技术工具包括 RCM、DRBPM、RBI、RCA、SILS、HAZOP、FMEA 等。同时，开发设备管理移动应用，实现从设备巡检数据到模型计算，到设备风险、缺陷等实时登记、传送和管控。

第五节　可靠性工程师团队和体系运行机制建立

可靠性工程师团队是保障设备完整性管理体系落地实施的核心人力资源。根据集团公司炼化企业设备完整性管理体系运行机制，将设备完整性管理体系管理要素、设备专业管理(技术管理)、组织架构与人员职责有机结合，建立合适的管理体系运行机制，实现体系的有效运行。

一、可靠性工程师团队

设备可靠性团队是设备完整性体系运行的专业管理团队，主要由设备可靠性工程师组成，专业上归属设备管理部门领导，接受设备专家的技术指导。派驻运行部(分厂)的可靠性工程师同时接受运行部(分厂)的领导。

设备可靠性团队应包括动、静、电、仪、动力、水务等专业。设备可靠性团队人员从已经设置的设备岗位中调剂，设备人员定员总数不增加。应挑选业务素质高、责任心强的成员。可靠性团队宜设置一名正职、两名副职(动静、电仪各 1 人)作为行政领导。可靠性团队的各专业宜有副主任工程师以上级别专业岗位，便于进行专业牵头管理。

按照企业规模确定可靠性团队人数，A^-类企业 5 人左右，A 类企业 15 人左右，AA 类企业 20 人左右，AAA 类企业 25 人左右。

对于二级管理模式的企业，宜设置公司级可靠性团队，按照每个运行部设置动、静、电、仪专业可靠性工程师各 1 人。

对于三级管理模式的企业，宜设置公司级、厂级二级可靠性团队，由公司可靠性团队统一管理。公司级可靠性团队主要负责体系建立和有效性检查，宜设置可靠性工程师 2~4 人。厂级可靠性团队主要负责厂级体系建立，预防性维修策略建立实施等工作；各分厂宜按照每个运行部动静电仪各专业可靠性工程师 1 人设置。

要明确可靠性工程师与设备管理部门专业人员，以及装置设备工程师同检维修工程师的职责划分。可靠性团队一般职责为：

(1) 负责组织对设备管理手册、管理制度、程序文件等编制、完善细化，检查监督各专业设备完整性体系运行。

(2) 组织评估设备完整性体系运行情况，提出改进建议。

(3) 负责落实设备各专业的设备管理目标和规划，实施各专业设备工作策略和工作计划。

(4) 负责各专业设备 KPI 指标的运行、评估和持续改进。负责各专业和所属运行部(分厂)设备的可靠性分析和风险管理。

(5) 负责组织各专业开展定时性工作和预防性维修工作。

(6) 负责组织重大设备故障与重复性故障的根原因分析及对策研究。

(7) 负责一般性检维修项目的审批和方案制定。

(8) 负责设备完整性管理平台建设、运行维护及后期开发。

设备可靠性团队成员可按照作业部(或车间)设备管理人员实施同等薪酬。畅通设备可靠性团队成长通道，设备可靠性团队是设备专业人才成长通道重要一环，原则上要求作业部设备副经理(或设备副主任)应具有设备可靠性团队工作经历。

二、管理体系运行机制

设备完整性管理体系运行机制主要包含三个维度：管理轴、专业技术轴和组织架构轴，见图 3-4。

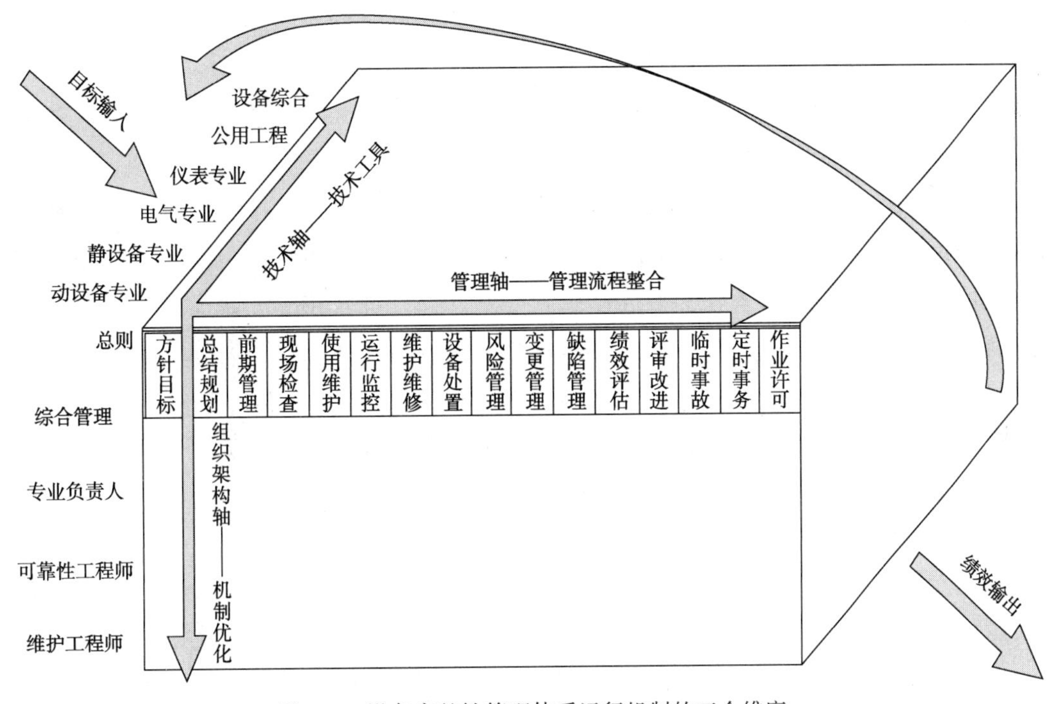

图 3-4 设备完整性管理体系运行机制的三个维度

1. 管理轴

管理轴是设备完整性管理体系管理要素的具体体现，主要包括方针、目标、设备分级管理、资源、培训、风险管理、过程质量管理、ITPM、缺陷管理、变更管理、外部提供的过程、产品和服务的控制、定时事务、绩效评价、改进等内容。

2. 专业技术轴

专业技术轴是设备完整性管理体系的技术载体，是传承石化设备管理特色的具体体现，一般包括综合管理、静设备专业管理、转动设备专业管理、电气仪表设备专业管理、动力管理等内容。设备专业管理是设备完整性管理体系运行的主要内容。一是通过识别和确定设备全生命周期的专业管理内容，进行设备分级管理，并将可靠性管理和风险管控作为设备专业管理的重要组成部分；二是积极开发和运用如RCM、RBI、腐蚀监控与决策信息系统、状态监测信息系统等各类先进技术工具和FMEA分析、SIL评估、寿命周期管理等先进技术方法，为设备专业管理水平的提高提供技术保障；三是设备各专业应对本专业的业务流程进行梳理，根据设备完整性管理的基本要求，结合专业管理特点，建立相应的业务流程，确保各要素落地。在现有设备专业管理的基础上，将设备完整性管理体系各管理要素的具体要求体现到各设备专业管理中。

动设备专业管理方面：通过RCM等管理方法的应用，建立可预知、能动态优化的动设备检维修策略平台。整合工艺、电仪、机泵状态监测、运行寿命、点巡检等参数，建立动设备健康管理平台；开展动设备风险等级分类；规范动设备检修历史数据并予以循环应用。持续做好高危泵可靠性提升改进工作。实施泵群监测、关键机组远程诊断和检维修策略服务系统等动设备状态监测系统的建设和运维。

静设备专业管理方面：重点是软硬件结合，将腐蚀监测、工艺防腐、设备防腐和防腐管理等进行整合，建立生产装置腐蚀与防腐动态监管决策系统；应用RBI风险识别技术，科学制定压力容器、安全阀、储罐等全面检验策略，并安排实施；深化多频涡流检测等新技术应用，完善换热器寿命管理策略；开展系统管线整治工作，做好厂际油气管线的内检测及全面检验工作，开展供水管线不开挖修补新技术调研及应用，确保厂际管道合法合规、受控运行；开展加热炉能效测试与分析评估工作，完善裂解炉炉管预防性更换策略；开展气化炉稳定运行攻关等。

电气专业管理方面：做好区域配电负荷平衡，优化公司电力系统运行方式，完善应急预案；结合公司发展规划，做好公司电网远景规划与潮流分析；做好电气设备薄弱环节、隐患整治工作，提升电气设备平稳供电可靠性。

仪表专业管理方面：提高仪表设备可靠性，结合装置停工检修，实施老旧仪表治理及溶脱装置SIS系统完善项目；开展工控信息安全治理工作，进行网络安全评估及治理；实施控制回路性能监测和控制回路PID参数整定优化工作等。

3. 组织架构轴

组织架构轴是设备完整性管理体系的运行基础，是设备完整性管理体系有效运行的重要保障。组织架构应清晰地划分权责范围。确定每个部门负责的业务活动，安排适当的岗位，并与流程相结合，确定最终的组织架构。图3-5列出了石油化工企业典型的组织架构，企业可根据自身的实际情况调整，建设矩阵式管理模式。

领导层：主要负责设备完整性管理体系战略层面的管理，包括方针政策、管理策略、体系文件的制定，设备分类分级管理，人员岗位职责的确定，绩效考核，评审改进等。

可靠性团队：在专家团队的指导下，可靠性工程师以设备风险管控和可靠性评估为核心，实现设备的专业化管理。

片区团队：在片区设备主任的领导下，实现设备完整性管理体系在片区的具体化执行。

相关部门：包括生产调度处、安环处、工程处、技术处、物资处等与设备管理部分业务相关的其他部门，落实设备完整性管理体系对各相关部门的职责要求。

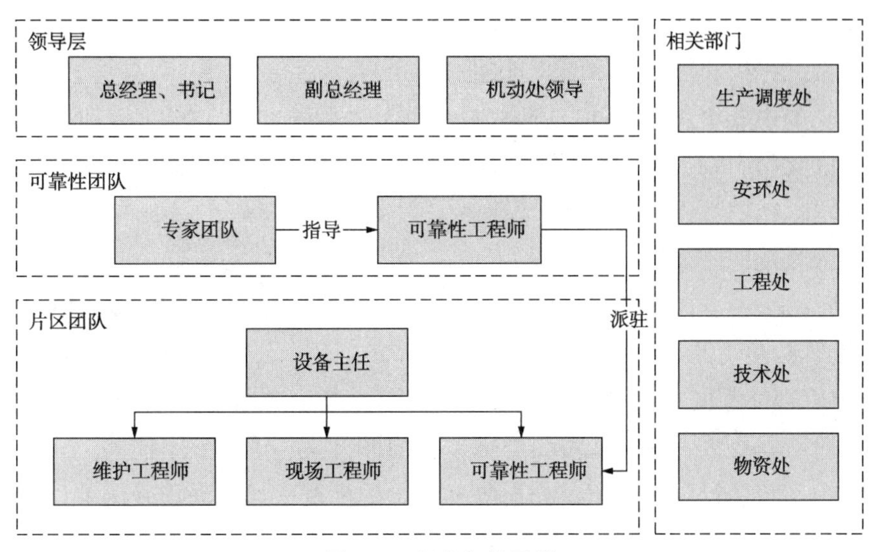

图 3-5　组织架构示例

第六节　体系文件发布实施

体系发布实施阶段，需要召开企业设备完整性管理体系(或一体化体系)发布会，宣示企业将遵循相关体系要求，并对各级各类人员开展适当的培训，确保不同责任主体具备相应的知识和技能，调动相关资源确保体系有效落地。

公司及(或)设施管理层应为设备完整性管理体系的启动和持续实施提供必要且充分的资源。为新建或在役工厂建立设备完整性管理体系，包括两个主要部分。首先是体系的初始实施，可视为一次性的重大项目，不仅包括方案开发和基准建立，还包括建立程序和人员培训。初始实施以后，体系还需要不断完善，要注重持续实施，以长时间维持设备完整性。

一、管理体系开发所需资源

公司管理层应该为制定和实施管理体系提供下述资源：

- 制定一体化管理体系，并形成文件；
- 确定其他管理体系的范围(比如纳入方案目标，包括未规范的流程)；
- 确定管理体系中应包含的设备资产范围；
- 制定检验、检测和预防性维修(ITPM)方案和相关的时间表；
- 确定并制定书面程序；
- 制定培训计划，开发及(或)取得培训材料；
- 规划质量管理活动，编写质量保证程序；
- 明确需要的软件，获取合适的软件。

这些活动的主要资源是时间：方案活动负责人所花费的时间，以及确定和发展方案活动的其他人员(例如技术人员、检验员、工艺工程师、操作人员)所花费的时间。这些人力资源可以从内部人员中获得，及(或)聘用有管理体系开发经验的外部顾问。

外部第三方顾问主要提供以下服务：

- 提供专业技术[如专业知识及公认的、普遍接受的良好工程实践(RAGAGEP)]；
- 促进具体活动的发展；
- 制定管理体系的书面程序。

在开发阶段需要大量内部人员与外部专家协同开发，确保方案能够适合本企业特定的文化、组织和长期的资源分配。公司内部人员的高度参与有助于确保源于外部资源的方案，包含并反映了企业内部人员对企业文化的掌握。

二、管理体系初始实施所需资源

1. *初始阶段活动*

在实施的初始阶段，管理体系从书面文件逐步内化到现场人员的自觉行为。同方案开发阶段相比，这个阶段要花费企业员工更多的时间。不同企业初始阶段需要的时间差别很大，取决于企业的大小及设备信息的完整程度。这个阶段的主要活动是：

- 收集和整理设备信息；
- 参与执行人员需要经过培训，并具备相应的资质，包括获得所需的认证；
- 实施检验、检测和预防性维修(ITPM)工作；
- 处理检验、检测和预防性维修(ITPM)后果；
- 执行质量保证(QA)活动；
- 管理资产缺陷；
- 获取软件，并用其支持管理体系运行。

- 设备设计和建造数据，如设计规范和标准，设计规格、竣工图纸、建造材料、尺寸(如壁厚、叶轮直径)，和性能数据[如压力安全阀(减压阀)的设置]；
- 服务历史，如在役时间、接触的材料、服务期间的变化；

- 检验、检测和预防性维修(ITPM)历史；
- 维护历史(如失效记录)；
- 维修历史(临时维修；基于检验结果的维修；更换部件/组件，包括对原始设计的升级)；
- 制造商提供的信息，如安装说明、尺寸规格和容许误差(如轴颈或轴的直径)，螺栓材料和扭矩要求，垫片和O形圈材料要求，润滑油规格、维护和操作指令、测试和维护建议，以及性能测试数据(如泵的性能测试)。

2. 人员培训和认证

(1) 执行ITPM任务和其他设备管理的员工，如资产维修等，需要接受各种类型的培训，并且在执行某些任务之前获得必要的资格认证。企业也需要对员工进行适用作业程序的培训(如ITPM程序、维修程序、质量保证程序)。为了使培训行之有效，应该做到：确定有效的培训方法，让有经验的工人参与培训；为培训师和学员合理分配时间，使之与他们的日常工作时间不冲突。培训所需的资源通常包括：

- 由于人员参加或开展培训，缺席正常工作导致的加班时间；
- 外部培训员及(或)培训材料的成本；
- 培训计划的实施及培训记录维护的管理时间成本。

(2) 实施ITPM任务并且管理ITPM任务的结果。实施ITPM任务时，应该考虑下列因素：

- 人力资源，工厂员工应制定时间表，将工作任务按照周、月和年平均分配；安排有资质的人员来执行活动；
- 操作问题，比如哪些资产可以或不能在同一时间停用，以及是否具备资产停用的能力[如储罐内部检验、安全阀拆除和测试、安全仪表系统(SIS)和联锁测试]。

(3) 除了与ITPM时间表直接相关的资源和预算要求外，制定实施ITPM任务的预算时，还应该考虑下面的问题：

- 获取执行某些任务时用到的特定设备或仪器(例如振动监测装备、超声波测厚仪等)；
- 管理ITPM方案和任务结果需要的软件；
- 与资产检验准备工作相关的费用(比如拆装管道保温层)；
- 为了保持ITPM方案的效果，对装置所作的改变(例如为承压仪表安装隔断阀)。

第四章

体系关键要素创新

第一节　设备分类分级管理

一、定义

石油化工企业的设备一般在几万台套。在企业设备管理中，因为各类资源的限制，不可能实现所有设备的无差别管理。需要识别出设备的关键性级别，并采取不同的设备管理策略，以实现有限资源的最合理分配，确保所有设备能满足其设定的功能，保证生产安全。即开展设备分类分级管理，采用统一的方法，对企业的设备实施分类、分级。根据分类分级的结果，实施设备的差异化管理。

二、术语

1. 关键设备

根据制定的设备分级标准，评为 A 类的设备，是企业生产中最重要的设备。这类设备一旦发生故障，会严重影响生产、安全、环保，恢复设备功能存在困难。

2. 主要设备

根据制定的设备分级标准，评为 B 类的设备，是企业生产中比较重要的设备。这类设备发生故障，对企业的生产、安全、环保影响有限，恢复设备功能有一定困难。

3. 一般设备

根据制定的设备分级标准，评为 C 类的设备。这类设备发生故障，对企业的生产、安全、环保几乎没有影响，很容易恢复设备功能。

4. 故障

产品不能执行规定功能的状态。预防性维修或其他计划性活动或缺乏外部资源的情况除外。故障通常是设备本身失效后的状态，但也可能在失效前就存在。

三、目的

通过制定科学的设备分级方法对设备进行分级，推进设备标准化管理和精细化管理。对设备进行分级管理可以确定设备管理的重点，作为设备缺陷风险评估的重要依据和制定预防性维修策略的基础，指导设备管理过程中资源的合理分配，明确管理权限，落实管理职责，提高设备管理效率。

四、标准

1. 设备分级历史

20 世纪 40 年代，美国提出了系统评定设备关键性的第一种方法，出版了失效模式、影响和关键性分析(FMECA)的标准，以评估每种设备功能或硬件故障对设备可用性、可维护性、人员、系统安全的潜在影响。虽然 FMECA(FMEA)经过多次完善，但这种设备关键性定级的方法主要焦点在于生产和设备质量问题，缺乏对于职业安全和环境保护方面的评价。

2. 设备分级原则

根据设备在生产中的作用及其对安全、环境和经济的影响，对设备进行分级。从设备对生产过程的重要性、设备维修费用、设备故障后产生的安全及环保危害程度、设备维修复杂程度及故障频次等方面综合评估后，对设备进行分级。设备分级的方法应能够量化且持续改进。

3. 设备分级方法

采用量化的关键性评价方法，根据各设备分级要素的总评分值，将设备分为关键设备(A)、主要设备(B)、一般设备(C)三级。不同设备专业可以根据专业设备的特点，制定适合本专业设备的关键性要素和评价标准，并根据评价标准进行分级。

4. 设备分级实施过程

(1) 设备主管部门组织编制设备分级标准，审核后发布；

(2) 根据分级标准，设备管理、工艺管理、安全管理、操作相关人员对各项要素进行评分，设备主管部门对评分结果进行汇总后进行初步审核；

(3) 设备主管部门审核设备分级结果后，按照发布内容开展设备分级管理，同时设备使用部门将分级结果维护进 EM 系统或其他设备管理系统。

5. 设备分级动态分级及改进

(1) 设备主管部门应组织对发生各类变更的相关设备进行设备分级的动态调整；每年对调整后的设备分级结果进行全面梳理；

(2) 生产装置检修及全厂停工大修后，由设备主管部门组织对装置所有设备进行系统性全面分级评估；

（3）生产装置需及时将调整后的设备分级结果维护进 EM 系统或其他设备管理系统。

6. 设备分级管理及要求

根据设备分级评定结果，明确各级设备的管理权限及内容，落实设备分级管理职责。设备主管部门负责组织对 A 类设备的运行管理，运行部牵头负责 B、C 级设备的运行管理。

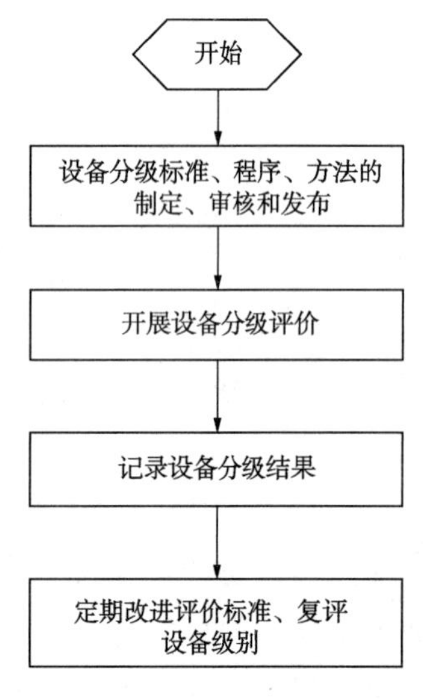

图 4-1　设备分级工作流程

五、流程

流程图见图 4-1。

六、案例

以某企业实施设备分级为例，说明企业开展设备分级管理的流程，供读者参考。该企业实施设备分级的流程为：

（1）编制《设备分级管理程序》，确定各部门职责和设备分级评价标准。

（2）培训参与设备分级的人员，讲解分级标准，统一分级思路。

（3）实施设备分级评价，各级部门评审分级结果，最终确定企业各设备级别。

（4）按照设备级别开展设备的维护维修、缺陷管理、风险评估、设备变更管理。

（5）开展设备分级的动态管理及改进。

以下摘录该企业《设备分级管理程序》部分内容。

一、职责

1. 设备管理部门

（1）设备管理部门在公司设备副总经理、设备副总工程师领导下，全面负责所有设备的管理工作，是设备分级管理的主管部门；

（2）负责设备分级标准、程序、方法的审核和发布，组织设备分级的评定、对设备分级标准的定期评审及设备分级的再评估；

（3）负责组织设备分级活动，审定分级结果。监督、检查设备分级管理程序的实施和执行情况，协调并解决相关问题；

（4）负责组织 A 类设备全过程管理。

2. 生产管理部门

（1）参与设备分级标准的评审；

(2) 参与设备分级结果的审定。

3. 安全环保部门

(1) 参与设备分级标准的评审；

(2) 参与设备分级结果的审定。

4. 物资采购部门

(1) 参与设备分级标准的评审；

(2) 参与设备分级结果的审定。

5. 设备技术支持中心

(1) 设备技术支持中心是在设备管理部门领导下的设备管理技术支持部门；负责编制设备分级标准、程序、方法，以及对相关方设备分级方法的培训；

(2) 参与设备分级标准的评审、设备分级的评定及再评估；

(3) 负责设备分级结果的初步审核；

(4) 参与 A、B、C 类设备全过程管理。

6. 运行部

(1) 参与设备分级的评定及再评估；

(2) 负责在 EM 系统或其他设备管理系统录入全部设备分级结果；

(3) 参与 A 类设备管理，负责 B、C 类设备全过程管理。

7. 维保单位

(1) 参与设备分级的评定及再评估；

(2) 负责全部设备的日常维护及检修；

(3) 负责配合运行部完成设备分级结果的录入；

(4) 负责统计设备日常检修信息，为设备分级开展动态管理提供数据。

二、工作程序

1. 设备分级的方法

采用量化的关键性评价方法，根据各设备分级要素的总评分值，将设备分为关键设备(A)、主要设备(B)、一般设备(C)三级。不同专业可以根据专业设备的特点，制定适合本专业设备的关键性要素和评价标准，并根据评价标准进行分级。

2. 设备分级实施过程

(1) 设备管理部门组织专业团队、区域团队编制设备分级标准，经专家团队审核后发布；

(2) 根据分级标准，可靠性工程师、现场工程师、维护工程师和运行部工艺、安全、操作相关人员对各项要素进行评分，可靠性工程师对评分结果进行汇总后进行初步审核；

(3) 专家团队审核设备分级结果后，设备管理部门、各运行部按照发布内容开展设备分级管理，同时运行部将分级结果维护进 EM 系统或其他设备管理系统。

3. 设备分级动态分级及改进

(1) 设备管理部门应组织专业团队对发生各类变更的相关设备进行设备分级的动态调整；每年对调整后的设备分级进行全面梳理；

(2) 装置检修及全厂停工大修后由设备管理部门组织专业团队对装置所有设备进行系统性全面分级评估；

(3) 运行部需及时将调整后的设备分级结果维护进 EM 系统或其他设备管理系统。

4. 设备分级管理及要求

根据设备分级评定结果，明确各级设备的管理权限及内容，落实设备分级管理职责。设备管理部门负责组织对 A 类设备的运行管理，运行部牵头负责 B 级、C 级设备的运行管理。

5. 设备分级工作流程(图 4-2)

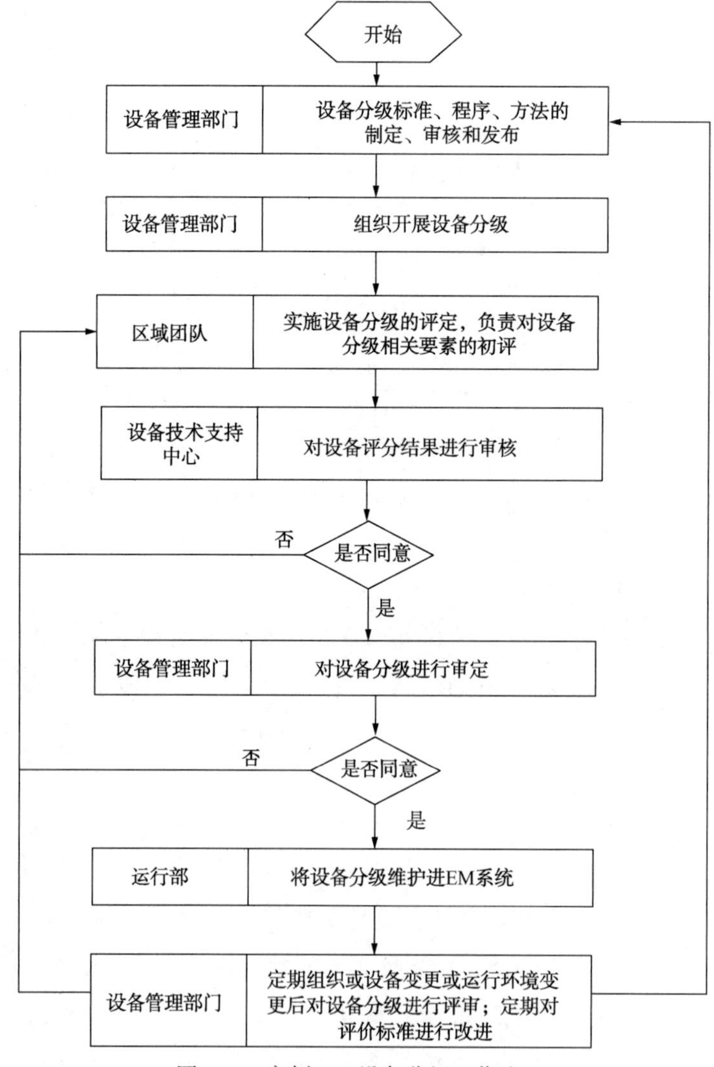

图 4-2 案例——设备分级工作流程

6. 静设备分级方法(附录 4.1)

7. 常压储罐分级结果(附录 4.2)

附录 4.1　静设备分级办法

(1) 特种设备关键性评价评分表

A 级：≥3.4 分；B 级：<3.4 分，≥2.55 分；C 级：<2.55 分。见表 4-1。

表 4-1　特种设备关键性评价评分表

要素	1. 生产重要性	2. 自身重要性	3. 使用年限	4. 可维修性	5. 安全技术等级
权重	45%	20%	10%	10%	15%
要素说明	评价设备对生产装置的重要程度，参照设备故障强度等级分级，表示故障停机时对装置造成的影响，等级越高评分越高	参照特种设备法律法规，结合设备的运行环境，评价设备自身重要程度	评价设备的新旧程度	故障后大修造成的修理费用及时间成本	
评分	(1 分)无影响	(1 分)①其他容器；②其他静置设备；③其他管道；④及其安全阀	(1 分)使用年限≤4 年	(1 分)造成的损失<5 万元或检修时长 3 天以内	
	(2 分)单台设备停运	(2 分)①一类压力容器；②GC3 类压力管道；③及其安全阀	(2 分)使用年限≤8 年	(2 分)造成的损失 5~10 万元或检维修时长 3~7 天	
	(3 分)单套生产装置异常波动或未引起装置异常波动的大机组停机	(3 分)①二类压力容器；②GC2 类压力管道；③操作温度≥200℃的临氢类压力容器；④及其安全阀	(3 分)使用年限≤8 年且未开盖检修	(3 分)造成的损失 10~50 万或检维修时长 7~15 天	(3 分)安全状况等级为 2 级的
	(4 分)系统或装置局部停工，大机组急停	(4 分)①二类压力容器；②GC2 类压力管道；③操作温度≥200℃的临氢类压力容器；④及其安全阀		(4 分)造成的损失超过 50~100 万或检维修时长 15~30 天	(4 分)安全状况等级为 3 级
	(5 分)单套装置非计划停工或 2 套以上装置异常波动	(5 分)①三类压力容器；②GC1 类压力管道；③操作温度≥370℃的压力容器；④及其安全阀	(5 分)使用年限≥20 年	(5 分)造成的损失超过 100 万或检维修时长 30 天以上	
评分说明	涉及联锁的设备，按照设备故障后触发联锁对生产造成的影响评分。不涉及联锁的设备按照实际影响评分	《固定式压力容器安全技术监察规程》对压力容器的分类考虑了介质危害性、设计压力、pv 值，《压力管道安全技术监察规程》对压力容器和管道的分类包含了介质危害性、设计压力、设计温度，压力容器、压力管道分类越高，危害性越高	设备使用年限越长，腐蚀加剧、材质劣化等可能性越大，评分越高	此项只根据设备维修费用评分，包括零配件采购费用、配合维修产生的费用、人工费用及检修时长	安全状况等级为 4 级或 5 级压力容器或者安全状况等级为 4 级的压力管道为 A 类设备

(2) 加热炉关键性评价评分表

A 级：≥3.65 分；B 级：<3.65 分，≥2.8 分；C 级：<2.8 分。见表 4-2。

表 4-2 加热炉关键性评价评分表

要素	1. 生产重要性	2. 自身重要性	3. 炉管使用年限	4. 联锁完善程度	5. 可维修性
权重	45%	20%	10%	15%	10%
要素说明	评价加热炉重要程度，参照设备故障强度等级分级，表示故障停机时对装置造成的影响，等级越高评分越高	结合加热炉在不同生产装置中运行环境，评价加热炉的重要程度	炉管使用年限越长，发生失效的可能性越大，剩余寿命越小	评价加热炉联锁保护系统设置完善程度	故障后大修造成的修理费用及时间成本
评分	(1 分)无影响	(1 分)其他加热炉		(1 分)联锁保护设置符合标准的加热炉	(1 分)造成的损失<5 万元或检修时长 3 天以内
	(2 分)单台设备停运	(2 分)炉膛温度≥700℃且炉管材质为碳钢的加热炉	(2 分)炉管运行时间超过 4 年但不足 10 年(裂解炉炉管不足 6 年)		(2 分)造成的损失 5~10 万元或检维修时长 3~7 天
	(3 分)单套生产装置异常波动或未引起装置异常波动的大机组停机	(3 分)负荷≥10MW 的加热炉	(3 分)裂解炉炉管≥6 年	(3 分)联锁保护设置不符合标准且有整改计划的加热炉	(3 分)造成的损失 10~50 万或检维修时长 7~15 天
	(4 分)系统或装置局部停工，大机组急停	(4 分)临氢介质加热炉			(4 分)造成的损失超过 50~100 万或检维修时长 15~30 天
	(5 分)单套装置非计划停工或 2 套以上装置异常波动	(5 分)制氢转化炉、延迟焦化加热炉、减压炉、裂解炉	(5 分)炉管运行时间≥10 年。裂解炉炉管≥8 年	(5 分)联锁保护设置不符合标准且没有整改计划的加热炉	(5 分)造成的损失超过 100 万或检维修时长 30 天以上
评分说明	涉及联锁的加热炉，按照加热炉故障后触发联锁对生产造成的影响评分。不涉及联锁的设备按照实际影响评分	不同生产装置的加热炉，炉膛温度、炉管结焦程度、高温损伤程度不同，运行环境越苛刻，评分越高	炉管运行时间越长，炉管发生高温损伤的可能性越大，评分越高	联锁完善标准参照《中国石化炼油装置管式加热炉联锁保护系统设置指导意见》，联锁保护完善程度越低的加热炉，发生事故的概率越高，评分越高	此项只根据设备维修费用评分，包括零配件采购费用、配合维修产生的费用、人工费用及检修时长

(3) 常压储罐关键性评价评分表

A 级：≥3.8 分；B 级：<3.8 分，≥2.6 分；C 级：<2.6 分。见表 4-3。

表 4-3 常压储罐关键性评价评分表

要素	1. 生产重要性	2. 使用年限	3. 介质危害性	4. 结构形式	5. 容积	6. 环保重要性
权重	20%	10%	25%	5%	30%	10%
要素说明	评价常压储罐重要程度，参照设备故障强度等级分级，表示故障停机时对装置造成的影响，等级越高评分越高	评价设备的新旧程度	评价储罐存放介质危险程度的大小	评价储罐结构复杂程度	评价储罐的大型化程度	评价设备发生介质泄漏环境影响程度
评分	(1 分) 无影响	(1 分) 使用年限≤4 年	(1 分) 存放其他介质储罐	(1 分) 拱顶储罐	(1 分) 容积 $<500m^3$	(1 分) 无影响
	(2 分) 单台设备停运	(2 分) 使用年限 4~10 年	(2 分) 存放有毒、易燃易爆介质储罐		(2 分) 容积 $<5000m^3$	(2 分) 能够造成装置超过排放标准
	(3 分) 单套生产装置异常波动或未引起装置异常波动的大机组停机	(3 分) 使用年限 10~20 年	(3 分) 存在湿硫化氢腐蚀环境的储罐、重质油储罐	(3 分) 外浮顶储罐	(3 分) $5000m^3\leq$容积$<10000m^3$	(3 分) 能够造成厂界及周边超过石油炼制工业污染物排放标准
	(4 分) 系统或装置局部停工，大机组急停	(4 分) 使用年限 20~30 年		(4 分) 内浮顶储罐且已设置氮封	(4 分) $10000m^3\leq$容积$<20000m^3$	(4 分) 能够引起周围社区居民不满、抱怨或投诉，受到当地政府监管部门罚款
	(5 分) 单套装置非计划停工或 2 套以上装置异常波动	(5 分) 使用年限≥30 年	(5 分) 存放有强腐蚀性介质 (如酸、碱、胺等) 的储罐，原油罐，污水罐	(5 分) 内浮顶储罐且未设置氮封	(5 分) 容积 $\geq 20000m^3$	(5 分) 能够引起周围社区居民不满、抱怨或投诉，并使得装置关停
评分说明	涉及联锁的常压储罐，按照常压储罐故障后触发联锁对生产造成的影响评分。不涉及联锁的常压储罐按照实际影响评分	设备使用年限越长，腐蚀加剧、材质劣化等可能性越大，评分越高	毒性分级说明见附表	复杂程度越高，评分越高；内浮顶罐设置氮封后安全性提升，评分降低	容积越大，储罐的维护、维修、检验难度越大，评分越高	评价设备发生介质泄漏可能造成的环境影响，越严重分数越高

(4) 锅炉分级标准(表4-4)

表4-4　锅炉分级表

级别	分级标准
A	锅炉安全技术监察规程(TSG G0001—2012)中的A级锅炉
B	锅炉安全技术监察规程(TSG G0001—2012)中的B级锅炉
C	锅炉安全技术监察规程(TSG G0001—2012)中的C级、D级锅炉

附录4.2　常压储罐分级结果(表4-5)

表4-5　常压储罐分级结果

常压储罐分级评分	要素	生产重要性	使用年限	介质危害性	结构形式	容积	环保重要性	总分	设备等级
	占比	20%	10%	25%	5%	30%	10%		
	评分角色	工艺专业	设备专业	安全专业	设备专业	设备专业	安全专业		
序号	储罐编号	得分	得分	得分	得分	得分	得分		
1	G1	1	3	2	5	2	3	2.15	C
2	G2	2	5	4	1	3	2	3.05	B
3	G3	2	5	4	1	1	2	2.45	C
4	G4	2	5	4	1	2	2	2.75	B
5	G5	5	2	3	4	4	5	3.85	A
6	G6	5	2	4	1	4	5	3.95	A

第二节　设备预防性工作

一、定义

设备预防性工作是指在设备性能下降或故障发生前，通过定期对设备自身状况和工艺性能进行评估，根据评估结果，按照设备分级管理原则制定设备检验、检测和预防性维修计划，编制检验、检测和预防性维修方案，根据检验、检测结果对设备开展维护保养、检修、改造、报废、更新等工作。其目的是让设备的性能始终满足设计要求，设备自身状况处于安全许可范围，从而满足生产工艺要求和产品质量稳定，避免设备故障带来的安全风险和经济损失。

二、目的

根据石油化工行业的特点，设备预防性工作更多的是把设备安全、稳定、长周期运行作为目标，周期性、阶段性比较明显。首先参照国内外经验制定工厂周期性全面停工大修策略，重点解决连续运行设备内部检查、全面检验和维修问题，完成设备改造更新工作，坚持“应修必修，不失修，修必修好，不过修”的原则。其次就是我们所说设备日常检验、检测维护保养工作。另外，设备预防性工作应该分专业开展，在一个生产周期的不同阶段，各专业应该根据设备状况制定年度预防性工作策略，按照策略要求制定检验、检测预防性维护计划，并分解到每个月执行。专业内部又按照设备不同种类分级进行管理。

三、流程

1. 建立具体的设备检验、检测和预防性维修任务计划

任务计划建立分五个步骤：将设备进行分类分级→收集设备信息→组建设备检验、检测和预防性维修任务选择团队→制定设备检验、检测和预防性维修工作策略→设备检验、检测和预防性维修工作计划制定。

(1) 将设备分类分级

将设备分为不同类型和不同系统，这样可以极大地缩短任务选择时间，同时也保证了整个检验、检测预防性维修程序的完整一致性，而且建立的任务计划可以适用于同一类或同一系统下的所有设备。另外，一些特殊部件及应用于不同操作环境的部件应作为重点被细分出来，将其作为子类制定相应的设备检验、检测和预防性维修任务及作业间隔。同时，具有特殊问题的设备应建立独特的设备检验、检测和预防性维修任务计划。将设备分级系统化的原因是针对同一类型、同一系统设备中 A/B/C 级设备，制定不同级别设备检验、检测和预防性维修任务。

(2) 收集设备信息

设备信息来源通常包括：与设备相关法律法规、设备关键性和适应性评价结果、失效类型、安全和可靠性分析结果、设计和建造资料、供应商提供的资料、设备使用年限、历年运行情况、历次检验、检测和维修记录等。另外还包括设备运行状态参数、工艺参数、腐蚀监测数据、日常巡检记录、已知的设备缺陷和潜在的风险。

(3) 组建设备检验、检测和预防性维修任务选择团队

由于设备检验、检测和预防性维修任务选择所需的知识面很广，因此有必要组建一支由跨学科人才构成的团队。通常配置以下人员：设备、工艺、安全、环保、法务、设计、物资采购、状态监测、腐蚀监测、工程、操作、检维修等多专业人员。

(4) 制定设备检验、检测和预防性维修工作策略

制定原则：企业应坚持以可靠性为基础的设备检验、检测和预防性维修工作原则，对设备实行专业化分级管理。按照设备量化评估分级结果，针对 A、B、C 级设备制定相应的设备检验、检测和预防性维修工作策略。

一般要求对设备进行失效评估，确定预防性检验、检测周期：企业专业团队根据设备上次检验、检测和检修记录、本周期工艺平稳性、设备状态参数和性能变化趋势，参考历史上失效发生的时间间隔和制造商的建议，确定设备设备检验、检测和预防性维修任务周期。然后按照设备分类分级管理原则，根据设备状况和失效机理制定本周期的预防性检验、检测方案，并考虑其可靠性和经济性的统一。

依照相关法律法规要求，根据检验、检测数据，参照相关标准，制定设备预防性维修方案，包括设备小修、中修、大修、改造、更新等。确定的ITPM工作策略需经公司主管领导审批后纳入管理程序中执行。

(5) 设备检验、检测和预防性维修工作计划制定

制定原则：满足法律、法规要求的定期检验、检测项目；满足设备制造商建议的周期性检验、检测、定期检修项目；包含因设备性能周期性下降至无法满足经济性和生产要求的定期检验、检测和维修项目；包含工艺防腐监测计划；包含设备定时性工作计划(专门章节)；根据检验检测结果制定的维护检修、改造、更新项目。

一般要求企业设备主管部门组织专业团队制定年度设备检验、检测和预防性维修工作计划，并计划经公司主管领导审批后发布实施。各专业还需要将年度设备检验、检测和预防性维修工作计划分解为月度计划。月度计划由运行部组织可靠性工程师、维护工程师进行讨论编制，提交企业设备主管部门批准并发布。月度临时计划提报需要运行部、可靠性工程师、维护工程师共同确认后提报。原则上临时计划应为临时安排的专项检验计划。

该计划应与生产经营计划互相结合，在计划执行过程中，当二者产生矛盾时，设备主管部门应当组织工艺和设备双方专业技术人员一起进行风险评估，制定有效方案及防控措施。

当企业生产方案变更造成设备运行环境发生改变时，设备主管部门应组织相关单位进行分析评估，及时调整设备检验、检测和预防性维修工作策略和计划。

针对设备检验、检测和预防性维修工作而言，通过上述评估和策划，按照设备分类分级管理原则，再综合企业的生产经营特点，形成动、静、电、仪、公用工程各专业设备检验、检测和预防性维修工作策略。

2. 设备检验、检测和预防性维修工作任务执行和监控

企业设备主管部门在发布工作计划后，运行部在执行任务时应首先考虑A类设备、运行状态较差设备和存在隐患的设备。对于A、B级转动类设备在执行ITPM工作计划前，运行部需要对在用设备运行状态进行评估，避免在计划实施过程中在用设备发生故障影响生产。原则上月度ITPM工作计划应当月完成。

计划执行单位必须具备相关的专业资质，人员取得专业培训资格。计划实施前需要

编制实施方案，并对结果负责。企业设备主管部门应按照设备专业类别建立相应的验收标准，并设置检维修过程质量控制点，过程质量控制由双方技术人员共同参与。企业应对设备 ITPM 工作计划实施的过程和结果进行跟踪和控制。

如设备检验、检测和预防性维修工作计划无法按时实施时，相关单位需提交《设备检验、检测和预防性维修工作计划延期变更申请》，跟踪后续处理过程。延期变更申请中需注明设备检验、检测和预防性维修任务周期、上次维修/试验时间、本次维修/试验时间、延期及变更原因、设备关键性等级、风险评估等级、风险管控措施及申请延期日期等，由企业设备主管部门审批。

企业设备主管部门需综合平衡、协调解决计划实施过程中遇到的问题，并督促、检查各单位计划的执行情况。

3. 设备检验、检测和预防性维修任务结果管理

设备检验、检测和预防性维修计划执行结束后，计划实施单位应编制检验检测、维护检修记录，并对任务计划执行过程中发现的缺陷进行管控。

企业专家团队应对结果进行分析，通过数据比对计算，识别设备缺陷，同时优化设备检验、检测和预防性维修工作计划、任务频率及人员职责分配等。企业设备主管部门应制定设备基础资料和设备检验、检测和预防性维修任务结果文件管理制度，逐步完善设备基础资料和设备检验、检测和预防性维修任务结果文件。每月统计各专业及运行部计划完成情况，并进行评比、考核。

4. 设备 ITPM 工作策略评审、改进

在设备检验、检测和预防性维修工作策略实施过程中，如果某一类设备故障未得到有效预防，故障率高于 KPI 指标要求且有上升趋势，企业设备主管部门应及时组织专家团队进一步对设备运行环境、失效模式、设计制造情况进行分析评估，根据分析结果调整现有工作策略，比如采取缩短设备检验、检测周期，增加检验、检测项目或者增加检修深度等策略。

每年年底，企业设备主管部门应组织专家团队对年度设备运行状况、KPI 指标完成情况进行分析，按照专业分类对本年度设备检验、检测和预防性维修工作策略进行梳理、评价和总结。主要评价检验检测周期和维护检修周期是否合理，对照检验检测数据和检修记录，评价所选取的检验检测方案和检修深度是不是有效的和必要的。然后通过分析对比，对年度 ITPM 工作策略进行优化调整，既兼顾设备的可靠性，也考虑其经济性，使设备检验、检测和预防性维修工作得以持续改进和提升。

设备检验、检测和预防性维修管理流程见图 4-3。

图 4-3　设备检验、检测和预防性维修管理流程

四、案例——往复压缩机预防性工作

1. 预防性工作任务的建立

收集设备信息，建立全厂往复机台账。台账包括设计温度、设计压力、形式、规格型号、排气量、工作介质、轴功率、动力型号、转速、动力功率、投用日期等。收集往复机故障信息和检修记录，同时还包括各台往复机的运行状态监测情况、实时工艺参数等。

2. 制定预防性工作策略

(1) 设备分级

参照设备分级相关标准对全厂往复机进行分级。

(2) 分级管理

① A 级设备

采用设备状态监测诊断技术，采取以可靠性维修为主的预防性维修策略。

a. 落实机、电、仪、管、操每日巡检。现场检查，包括进行缺陷故障完好检查和运行参数检查。

b. 每周特护管理。特护机组应按照特护制度执行每周一次维护，记录机组相关参数，并分析评估机组运行情况。

c. 定期监测机组的振动，活塞杆沉降情况。检查机组相关基础及管路的振动情况。

d. 定期检查机组各级填料密封、刮油环泄漏情况。

e. 定期检查机组辅助系统，包括水站机泵运行状况、水站软化水压力及温度、水箱液位、水冷器运行情况，稀油站油泵运行状况、油泵压力、油冷却器、过滤器差压，氮封压力等。

② B 级设备

以机组运行状态、监控和故障诊断为依据，实施以预测性维修为主的预防性策略。

a. 宜配置在线的进、排气压力，进、排气温度，润滑油压力，活塞杆沉降，机身振动等监测探头。

b. 定期监测机组的振动，活塞杆沉降情况。检查机组相关基础及管路的振动情况。

c. 定期检查机组各级填料密封、刮油环泄漏情况。

d. 定期检查机组辅助系统，包括水站机泵运行状况、水站软化水压力及温度、水箱液位、水冷器运行情况，稀油站油泵运行状况、油泵压力、油冷却器、过滤器差压，氮封压力等。

③ C 级设备

实施基于状态监测的预知性维修为主，与计划维修相结合的预防性策略。

a. 宜配置在线的进、排气压力，进、排气温度，润滑油压力，活塞杆沉降，机身振动等监测探头。至少包含油压三取二联锁，机身振动联锁，电机定子温度三取二联锁。

b. 定期监测机组的振动，活塞杆沉降情况。检查机组相关基础及管路的振动情况。

c. 定期检查机组各级填料密封、刮油环泄漏情况。

d. 定期检查机组辅助系统，包括水站机泵运行状况、水站软化水压力及温度、水箱液位、水冷器运行情况，稀油站油泵运行状况、油泵压力、油冷却器、过滤器差压，氮封压力等。

（3）前期管理

设计选型时应选用具有使用可靠、操作弹性大、结构合理、效率高、检修方便的机型，达到寿命周期费用经济、设备综合效能和安全可靠性高等要求。机组仪表联锁设计应符合相关标准及规范要求。

在机组出厂前，要按照技术协议进行质量检验；监督安装的全过程，机组安装结束后，开展三查四定；通过试车全面考核机组的机械运转性能、工艺技术性能和调节控制性能。

（4）运行维护策略

一般要求如下：

a. 定时巡检：执行"三检""特护"巡检制度。装置操作人员、管理人员和维护人员定期对设备进行巡回检查。A类设备由机、电、仪、管、操组成的特护小组每天对设备进行一次特护检查，每周四小组召开特护活动分析会。现场检查机组润滑系统、冷却系统运行状况，各运行参数是否正常，听各运动部件声音是否异常，检查是否存在泄漏情况，按要求做好检查记录，发现问题及时处理。

b. 定期盘车：备用机组按规定每周盘车一次。

c. 定期切换：为保证备用机组正常备用，应对机组进行定期切换检查。

d. 月度检查：月度检查应检查机组一个月内运行状态及趋势变化，判断机组能效是否降低，易损件状态有无恶化趋势。应检查各机组气阀温度、活塞杆沉降趋势、电流及功率趋势等。检查压缩机基础及其管路相关振动情况。

e. 润滑油分析：对润滑油定期检测分析，不合格项及时处理。

（5）维修策略

① 一般要求

检修指导周期，见表4-6、表4-7。

表4-6 往复压缩机机检修周期表

类别 / 周期	小修	中修	大修
月	4~6	6~12	24

表4-7 回转式压缩机检修周期表

类别 / 周期	小修	中修	大修
月	3	18	36

根据状态监测结果、设备各部件运行状况及是否有备用机合理统筹调整检修周期。

气阀、填料、刮油环等可根据部件的运行工况，通过监测气阀温度、诊断声音，监测填料温度及泄漏量，记录曲轴箱补油频率，判断部件异常情况，再根据历次检修记录确定检修周期。

活塞环、支撑环可通过监控活塞杆沉降值趋势判断，活塞杆沉降值持续上升时，经诊断无误，原则上一周内应安排检修更换活塞环、支撑环。

轴瓦、大小头瓦、十字头瓦应根据部件寿命，原则上运行两年应打开进行检查，对磨损的瓦予以更换。连杆螺栓运行两年应进行强制更换。

② 检修内容

见表 4-8~表 4-10。

表 4-8 小修内容

序号	小　修
1	检查或更换气阀、阀座垫片、负荷调节器或无极气量调节执行机构，清理气阀部件上的结焦和污垢
2	检查并紧固各部连接螺栓和十字头防转销
3	检查并清理注油器、单向阀、油泵、过滤器等润滑系统部件，并根据润滑油分析结果决定是否更换润滑油
4	检查并清理冷却水系统、软化水站泵、水冷器等
5	检查或更换压力表、温度计等就地仪表
6	检查并清理调速系统液压油站、油过滤器等部件

表 4-9 中修内容

序号	中　修
1	包括小修内容
2	检查更换填料、刮油环
3	检修修理或更换活塞组件(活塞环、支撑环、活塞杆、活塞等)
4	必要时对活塞杆做无损探伤
5	检查机身连接螺栓和地脚螺栓紧固情况
6	检查并调整活塞余隙

表 4-10 大修内容

序号	大　修
1	包括中修项目
2	检查测量气缸内壁磨损
3	检查各轴承磨损，并调整其间隙
4	检查十字头滑履及滑道、十字头销、连杆大、小头瓦、主轴瓦和曲轴颈的磨损
5	十字头销、活塞杆、曲轴无损探伤检查
6	对缸壁磨损的气缸更换气缸套或做镗缸、镶缸处理。根据机组运行情况及设备监测情况调整机体水平度和中心位置，调整气缸及管线支撑
7	检查效验安全阀、压力表，对仪表联锁系统及状态监测系统进行调校
8	清理油箱，更换润滑油

③ 计划制定

a. 收集信息

查询各台往复机的历史检修信息，确定当前往复机的组件使用情况。查询运行参数，确定当前往复机的运行情况。查询工单信息和检修记录，确定当前往复机的配件消耗情况和组件寿命。查询往复机的运行记录，确定当前往复机各组件的运行累计时间，并评估剩余寿命。

b. 年度预防性工作计划提交

根据往复机的预期运行情况和检修施工力量，制定详细的往复机年度检修计划。需要明确将要在下一年度进行检修的往复机的检修时间和检修深度。

c. 月度预防性工作计划分解

根据年度计划和当前往复机的运行情况，需要运行部、可靠性工程师、维护工程师在计划时间前，共同确认往复机能否按计划时间实施检修。如不具备条件，需要重新修改计划，并给出下次计划时间。

(6) 计划实施跟踪

计划实施前，需要进行备用机组运行评估，评估通过后可执行检修。如遇到特殊情况无法按时实施的，相关单位需提交《预防性工作计划延期变更申请》。实施检修需要按照既定的检修深度、检修方案、检修时长按时完成。相关部门进行质量检查和试运验收。

(7) 设备预防性工作结果管理

单台往复机检修结束后，相关信息和数据以及流程均需要闭环。在后续时间(例如年度总结)会根据开展下列工作。

① 对任务计划执行过程中发现的缺陷信息等，开展预防性策略的评估工作。

② 企业专家团队应对结果进行分析，通过数据比对计算，识别设备缺陷，同时优化预防性工作计划、任务频率及人员职责分配等。

③ 企业每月统计各专业及运行部计划完情况，并进行评比、考核。

(8) 设备预防性工作策略评审、改进

企业设备主管部门应组织专家团队对年度设备运行状况、KPI 指标完成情况进行分析，按照专业分类对本年度设备预防性策略进行梳理、评价和总结。主要评价检验检测、维护周期是否合理，对照检验检测数据和检修情况，评价选取的检验和检修深度方案是不是有效的和必要的。通过分析对比，对年度预防性策略进行优化调整，既兼顾设备的可靠性，也考虑其经济性，使设备预防性工作得以持续改进和提升。

比如制氢焦化干气压缩机由于近期焦化干气带液原因造成活塞环磨损速率增加，根据上次检修测量数据分析，适当缩短机组中修周期，避免活塞环、支撑环超常磨损造成气缸内壁损伤。

第三节 标准缺陷库的建立与管理

一、术语和定义

1. 故障

产品不能执行规定功能的状态。预防性维修或其他计划性活动或缺乏外部资源的情况除外。

2. 失效

产品终止完成规定功能能力的事件。

3. 缺陷

设备本体或其功能存在欠缺或丧失，不符合设计预期或相关验收标准的状态，包括设备失效。

4. 缺陷库

用于记录缺陷信息的带有对应关系的几个标准字段的标准数据库。

5. 缺陷对象

缺陷发生的具体设备或部位。

6. 缺陷现象

缺陷发生时的外在表现或状态，体现人员对缺陷的感官认知，以设备运行为基础。

7. 缺陷机理

缺陷发生的物理状态，以设备专业为基础。

8. 缺陷原因

缺陷发生的根本性原因，以设备管理为基础。

9. 缺陷治理策略

消除缺陷可采取的有效的维护或检修策略。

二、目的(范围)

缺陷管理流程是为有效对设备缺陷进行识别、响应、传达、消除，实现对缺陷的闭环管理。避免设备失效，确保设备完好，提高设备可靠性。本流程适用于新建项目的设备购置、制造和安装验收，在役设备的运行、维护和检维修过程的缺陷管理。

开发具有我国炼化企业特色的设备标准缺陷库，对炼化企业设备完整性管理体系建设有重大意义。炼化企业设备标准缺陷库建设是为缺陷管理和风险管理提供有效数据，输出共性、重复性问题分析及治理策略，以建立设备统一层级、确定缺陷标准字段、实现字段自动关联为主要任务，最终为炼化企业设备完整性管理体系建设奠定坚实基础。

三、标准流程

1. 设备缺陷管理过程

(1) 建立设备缺陷识别标准

企业设备主管部门应依据设备分类分级结果，组织建立新设备购置、制造和安装验收，在役设备运行维护、修理过程中缺陷的识别标准，指导设备管理人员识别设备缺陷。确定缺陷识别标准时，应考虑各种可能的潜在设备缺陷，应针对具体的设备类型给出观察和评估方法。对于满足缺陷识别标准的设备，应在设备完整性管理活动中重点关注。

(2) 定期评估设备状态

企业设备主管部门应建立设备全生命周期状况评估办法，明确设备状态评估需使用的技术工具。企业设备主管部门应定期组织设备全生命周期状态评估。企业各运行部应定期组织对管辖内设备开展状态评估。

(3) 缺陷识别

企业设备主管部门、各运行部应在设备全生命周期通过各类管理、技术手段主动发现缺陷，并提报设备完整性管理系统。非在役设备所属单位同样应定期组织设备缺陷识别。

(4) 缺陷的分类管理

企业设备管理部门应明确设备缺陷分类职责及方法。设备缺陷通常可分为以下四类：

A. 一类缺陷

- 对健康、安全、环境、生产、设备有严重威胁；
- 随时可能进一步扩大影响；
- 需要立即处理。

B. 二类缺陷

- 风险等级评定为中高风险(红、橙色)；
- 对健康、安全、环境、生产、设备有一定威胁；
- 设备状态参数达到报警标准；
- 应采取有效措施降低风险，可监护运行，应列入 ITPM 计划。

C. 三类缺陷

- 风险等级评定为中风险(黄色)；
- 对健康、安全、环境、生产、设备有可控威胁；
- 设备运行状态有劣化趋势，但状态参数未达到报警标准；
- 宜采取管控措施降低风险，可继续运行，可列入消缺计划、停车检修计划来处理。

D. 四类缺陷

- 风险等级评定为低风险(蓝色);
- 对健康、安全、环境、生产、设备无威胁;
- 可由操作人员自行处理或列入停车检修计划处理。

注：设备故障强度分级方法见本节附录1，设备风险等级评定方法见附录2。

(5) 缺陷信息传达

企业设备管理部门应制定缺陷分类、分级传达程序，并明确相关方。在缺陷识别后，应将信息及时、高效传达。相关方包括但不限于：管理人员、操作人员、检维修人员、供应商、服务商等。缺陷管理信息在管理周期内应持续传达与沟通，并留存可追溯记录。

(6) 缺陷消除

企业设备管理部门应制定缺陷分类、分级响应流程，缺陷消除工作应按照缺陷分类后的风险评估结果由不同部门组织进行。通常重大风险和较大风险级别的缺陷消除方案由企业设备主管部门组织进行，其余风险级别的缺陷消除方案由运行部组织进行。同时缺陷消除方案应按照紧急程度优化选择流程、实施措施，避免其发展成事故。

缺陷消除措施分为三类计划进行，分别是临时性计划(立即作业)、计划性检修和设备更新、改造。消缺方案中涉及装置工艺方案调整的，由生产管理部门组织实施工艺方案的调整。

(7) 缺陷分析

企业设备管理部门应制定缺陷根原因分析流程。对一类缺陷、二类缺陷高风险级别、重复多次发生缺陷、规模性爆发等类型缺陷，企业设备管理部门应及时组织缺陷根原因分析。根据分析结果制定举一反三整改与应对措施，并跟踪落实。

企业设备管理部门宜积极应用信息化手段，挖掘缺陷数据，指导完善和修订ITPM策略，对于因设计和采购引起的缺陷，则应及时修订《企业设计审查购置导则》。

(8) 缺陷管控

企业设备管理部门应依据缺陷分类、分级结果，明确缺陷管控流程。对于暂时无法消除的缺陷，应采取有效管控措施降低风险。企业相关部门应依据缺陷管控流程，编制、审批、实施缺陷管控方案。

企业设备缺陷管控工作由企业设备管理部门定期组织再评估，再评估周期最长不得超过一年。再评估工作应包括但不限于以下内容：

① 缺陷管控措施是否依方案全部实施;

② 日常缺陷管控工作是否有效开展;

③ 风险是否降低，当前是否处于可接受范围;

④ 缺陷是否需要升级或降级管理。

2. 标准缺陷库建立及应用

(1) 规范缺陷库标准字段

缺陷库标准字段包括缺陷对象、缺陷现象、缺陷机理、缺陷原因、缺陷处理措施五个标准字段，字段编写原则是通俗易懂，符合炼化企业实际使用习惯与经验，同时为后续有效利用原故障库历史数据，新编字段与ERP故障库字段建立相应对应关系。设备管理人员根据日常管理经验完善补充缺陷库标准字段的内容。见图4-4。

缺陷对象							缺陷现象类别		缺陷机理			缺陷原因		缺陷治理策略		
设备结构层级第六级	第六级第一子级	第六级第二子级	ERP中对应设备类型编码	子单元(第七级)	部件/可维护单元(第八级)	零配件(第九级)	缺现象类别	现象	机理类别	机理	子机理	原因类别	原因	治理策略类别	治理策略	策略详情

图4-4　炼化企业缺陷库标准字段

字段说明如下：

① 缺陷对象：前四个字段用于建立缺陷库中设备类型同ERP中设备类型的对应关系。为保证设备类型描述的准确以及同ERP中设备类型的对应性，将ISO 14224中设备结构层级的第六级细分为第六级、第一子级、第二子级等。

依据不同类型设备的结构复杂程度，划分第七、第八、第九级。第七级为子单元；第八级为部件和可维修单元；第九级为零配件。如管壳式换热器由于结构相对简单，可不划分第七级，直接划分至第八和第九级。

② 缺陷现象：缺陷现象类别包括泄漏、失效、误动作、参数异常、其他等5类，缺陷现象为由以上5类细分的29种具体现象，见表4-11。

表4-11　炼化企业缺陷现象库

炼化企业缺陷现象库		
代码	现象	现象类别
XX101	泄漏	内漏
XX102	泄漏	低风险外漏(无毒、无害)
XX103	泄漏	高风险外漏(有毒、有害、易燃、易爆、高温、高压)
XX104	泄漏	逸散性泄漏(挥发，靠专用设备检测)
XX105	失效	不能运行或调节
XX106	失效	不能启动或开启
XX107	失效	不能停止或关闭
XX108	失效	动作延迟或缓慢
XX109	误动作	突停

续表

炼化企业缺陷现象库		
代码	现象	现象类别
XX110	误动作	误报警
XX111	误动作	突启
XX112	参数异常	流量超限
XX113	参数异常	温度超限
XX114	参数异常	压力超限
XX115	参数异常	能耗高
XX116	参数异常	性能降低(功率、效率、电压等)
XX117	参数异常	功能不稳定(波动、喘振等)
XX118	参数异常	有输入无输出(传动、仪表等)
XX119	参数异常	过热(接近损坏)
XX120	参数异常	振动超标
XX121	参数异常	声音异常
XX122	参数异常	其他运行参数异常
XX123	其他	堵塞/结焦/积垢
XX124	其他	结构性缺陷或损坏(支撑、组件、零件、设备变形、开裂等)
XX125	其他	寿命到期
XX126	其他	公用工程供电故障
XX127	其他	公用工程供水故障
XX128	其他	公用工程供汽故障
XX129	其他	公用工程供风故障

③ 缺陷机理：缺陷机理类别包括机械、材料、电气、仪表、外部、其他等 6 类，机理为以上 6 类细分的 81 种具体机理，见表 4-12。子机理根据实际情况结合专业单位或现场经验的数据积累，确定细化机理。

表 4-12　炼化企业缺陷机理库

炼化企业缺陷机理库		
代码	机理类别	机理
JL101	机械	机械-失衡(动不平衡、偏流、电流不平衡)
JL102	机械	机械-调整不当/预紧力不符合要求
JL103	机械	机械-间隙不当
JL104	机械	机械-对中不当
JL105	机械	机械-定时不当(不同步等)/定序不当
JL106	机械	机械-松动/松弛
JL107	机械	机械-卡涩/粘连
JL108	机械	机械-变形/弯曲

续表

炼化企业缺陷机理库		
代码	机理类别	机理
JL109	机械	机械-划伤/刮伤/磨伤
JL110	机械	机械-裂纹
JL111	机械	机械-切破/撕裂(非金属)
JL112	机械	机械-爆炸/爆裂
JL113	机械	机械-磨损
JL114	机械	机械-润滑不良
JL115	机械	机械-其他，提供说明
JL116	材料	材料-均匀内部腐蚀
JL117	材料	材料-均匀外部腐蚀
JL118	材料	材料-内部点蚀
JL119	材料	材料-局部内部腐蚀
JL120	材料	材料-局部外部腐蚀
JL121	材料	材料-外部点蚀
JL122	材料	材料-过热/烧损
JL123	材料	材料-蠕变
JL124	材料	材料-硬化
JL125	材料	材料-软化
JL126	材料	材料-腐烂/腐坏
JL127	材料	材料-疲劳
JL128	材料	材料-黏结
JL129	材料	材料-起泡
JL130	材料	材料-脆化
JL131	材料	材料-渗碳
JL132	材料	材料-冲刷腐蚀
JL133	材料	材料-黏着力失效
JL134	材料	材料-熔融
JL135	材料	材料-热裂纹
JL136	材料	材料-微振磨损
JL137	材料	材料-应力开裂
JL138	材料	材料-塑性断裂
JL139	材料	材料-韧性断裂
JL140	材料	材料-收缩/压缩(弹簧、缠绕垫、木材等)
JL141	材料	材料-穿孔
JL142	材料	材料-焊接缺陷
JL143	材料	材料-其他，提供说明
JL144	电气	电气-校准/调整(调校不当)
JL145	电气	电气-非本体失效(由于环境、设计、外力及人为等因素导致的非独立性事件失效)

续表

炼化企业缺陷机理库		
代码	机理类别	机理
JL146	电气	电气-电子电路故障
JL147	电气	电气-控制信号故障/指示器/报警器故障
JL148	电气	电气-接地故障
JL149	电气	电气-开路
JL150	电气	电气-过热
JL151	电气	电气-电网波动
JL152	电气	电气-短路
JL153	电气	电气-软件故障/错误
JL154	电气	电气-绝缘故障
JL155	电气	电气-连接松动
JL156	电气	电气-连接错误
JL157	电气	电气-电源故障
JL158	电气	电气-其他，提供说明
JL159	仪表	仪表-校准/调整(调校不当)
JL160	仪表	仪表-非本体失效(由于环境、设计、外力及人为等因素导致的非独立性事件失效)
JL161	仪表	仪表-电子电路故障
JL162	仪表	仪表-控制信号/指示器/警报器故障
JL163	仪表	仪表-接地故障/屏蔽接口故障
JL164	仪表	仪表-开路
JL165	仪表	仪表-过热损坏
JL166	仪表	仪表-电压波动
JL167	仪表	仪表-短路
JL168	仪表	仪表-软件故障/错误
JL169	仪表	仪表-绝缘故障
JL170	仪表	仪表-连接松动
JL171	仪表	仪表-连接错误
JL172	仪表	仪表-供应不足(气源、电源、液压油)
JL173	仪表	仪表-其他，提供说明
JL174	外部	外部原因-积垢/结焦
JL175	外部	外部原因-污染/变质
JL176	外部	外部原因-堵住/堵塞
JL177	外部	外部原因-沉降
JL178	外部	外部原因-供应量不足(低于最低供应标准)
JL179	外部	外部原因-异物侵入
JL180	其他	其他-配置错误
JL181	其他	其他-停止运行不能工作/旁路/关闭

④ 缺陷原因：缺陷原因类别包括设计、制造、安装、维修、操作运行、其他等 6 类。原因为以上 6 类细分的 20 种具体原因，见表 4-13。子机理根据实际情况结合专业单位或现场经验的数据积累，确定细化机理。

表 4-13　炼化企业缺陷原因库

炼化企业缺陷原因库		
代码	缺陷原因类别	缺陷原因
YY101	设计	设计-额定值不当
YY102	设计	设计-选材不当
YY103	设计	设计-结构尺寸/配合间隙不当
YY104	设计	设计-选型不当
YY105	制造	制造-制造缺陷
YY106	安装	安装-未按规程安装
YY107	安装	安装-安装规程不正确
YY108	维修	维修-未按规程维修
YY109	维修	维修-工具不足
YY110	维修	维修-零部件使用不当
YY111	操作运行	操作运行-装置不稳定(非操作原因)
YY112	操作运行	操作运行-操作失误
YY113	操作运行	操作运行-规程不正确
YY114	操作运行	操作运行-未遵守规程
YY115	操作运行	操作运行-超出运行范围
YY116	其他	其他-无法确定
YY117	其他	其他-正常磨损
YY118	其他	其他-培训不足
YY119	其他	其他-意外损坏
YY120	其他	其他-其他设备引起的故障

⑤ 缺陷治理策略：缺陷治理策略包括调整、检验/监测/试验、变更、修复/保养、维修、检查确认、处置等 7 类。策略为以上 7 类细分的 61 种具体策略，见表 4-14。策略详情为对应检修规程的详细检修策略。

表 4-14 炼化企业缺陷策略库

炼化企业缺陷治理策略库			
代码	治理策略类别	治理策略	治理策略详情(对应检修规程)
CL101	调整	对中	
CL102	调整	校准	
CL103	调整	找平衡	
CL104	调整	紧固	
CL105	调整	松开	
CL106	调整	重置	
CL107	调整	调零	
CL108	调整	其他(另附说明)	
CL109	检验/监测/试验	机械性能(尺寸、间隙、运动自由度、表面抛光、磨损、腐蚀)	
CL110	检验/监测/试验	材质分析(含硬度)	
CL111	检验/监测/试验	油品分析	
CL112	检验/监测/试验	厚度	
CL113	检验/监测/试验	振动	
CL114	检验/监测/试验	温度	
CL115	检验/监测/试验	压力	
CL116	检验/监测/试验	电压	
CL117	检验/监测/试验	电阻	
CL118	检验/监测/试验	流量	
CL119	检验/监测/试验	转速	
CL120	检验/监测/试验	电流	
CL121	检验/监测/试验	绝缘	
CL122	检验/监测/试验	其他(另附说明)	
CL123	变更	设计改进/零件改进	
CL124	变更	重新选型	
CL125	变更	替换零件	
CL126	变更	参数调整(非物理性)	
CL127	变更	材质升级	
CL128	变更	其他(另附说明)	
CL129	修复/保养	化学清洁	
CL130	修复/保养	机械清洁	

续表

炼化企业缺陷治理策略库			
代码	治理策略类别	治理策略	治理策略详情(对应检修规程)
CL131	修复/保养	除焦	
CL132	修复/保养	更换/添加消耗品(包括润滑油)	
CL133	修复/保养	清洗/清扫	
CL134	修复/保养	抛光	
CL135	修复/保养	涂层	
CL136	修复/保养	涂漆	
CL137	修复/保养	系统置换	
CL138	修复/保养	解决冻凝/清除障碍物(不能使用水\ 清洁剂的工况下采用)	
CL139	修复/保养	机加工	
CL140	修复/保养	研磨	
CL141	修复/保养	排放/排凝	
CL142	修复/保养	其他(另附说明)	
CL143	维修	按照规程维修	
CL144	维修	临时维修	
CL145	维修	更换	
CL146	维修	利旧	
CL147	维修	其他(另附说明)	
CL148	检查确认	巡检检查	
CL149	检查确认	系统功能性测试(联校)	
CL150	检查确认	重启	
CL151	检查确认	重置	
CL152	检查确认	其他(另附说明)	
CL153	外部调整	限制条件使用	
CL154	外部调整	介质变更	
CL155	外部调整	运行方式变更	
CL156	处置	移除	
CL157	处置	拆除/销毁	
CL158	处置	启用	
CL159	处置	停用	
CL160	处置	封存	
CL161	处置	其他(另附说明)	

(2) 收集缺陷库各标准字段关联关系

缺陷库标准字段规范补充之后，需对缺陷库内缺陷对象、缺陷现象、缺陷机理、缺陷原因、缺陷处理措施五个标准字段的关联关系进行收集，实现字段自动关联的任务。

目前针对缺陷库各字段关联关系的收集主要采用两种方式：

① 根据专家组经验制定关联关系。各企业专家根据经验制定缺陷库各标准字段之间的对应关系，如通过缺陷对象为哪一类设备或部件，选择对应的多种缺陷现象，然后根据每一种缺陷现象罗列出可能出现的缺陷机理与对应的缺陷原因、缺陷处理措施。

② 通过缺陷系统进行大数据积累分析，不断完善缺陷库标准字段关联关系。以某炼化企业为例，将现有标准缺陷库导入其自主开发的《缺陷提报及作业信息管理系统》中，设备管理人员根据现场实际发生的缺陷，填写缺陷库各标准字段，再对缺陷库每一条数据进行归纳总结，形成各缺陷字段之间对应关系。通过定期收集分析累积数据，完善标准字段之间的关联关系。

(3) 应用标准缺陷库建立缺陷管理系统

各企业根据《设备缺陷管理程序》内容，应用标准缺陷库，建立缺陷管理系统，可有效对设备缺陷进行识别、响应、传达、消除，实现缺陷闭环及直接作业环节的信息化管理。

① 按照《设备缺陷管理程序》建立企业缺陷管理相关制度，其中应包括缺陷识别到闭环的标准流程。

② 明确缺陷管理流程内需要统计的信息，其中应包括设备信息、缺陷库标准字段信息。

③ 通过缺陷管理系统实现缺陷设备管理相关流程，其中应统计的设备信息及缺陷信息应有相关页面进行填写收集。

(4) 通过缺陷管理系统，应用缺陷管理数据

缺陷管理系统收集的缺陷数据可为设备管理 KPI 统计提供大数据，可实现设备管理 KPI 统计标准统一，数据统一。如设备故障检修率、轴承密封平均寿命等 KPI 指标统计。

炼化企业系统使用统一标准缺陷库后，可根据各企业缺陷管理系统收集的缺陷数据，查找共性问题、重复性问题，制定统一的设备管理策略，避免同类问题重复发生，提高设备可靠性。对各企业设备管理水平做出准确的评估，指导相关企业提高管理水平。

现代化设备可靠性管理核心任务是保证设备的安全可靠性和经济性，杜绝设备原因造成的装置非计划停工、杜绝设备事故、杜绝直接作业安全事故、合理安排设备维修费用等。缺陷管理在设备完整性管理和提高设备可靠性方面都有着重要的作用。

3. 缺陷管理流程图(图 4-5)。

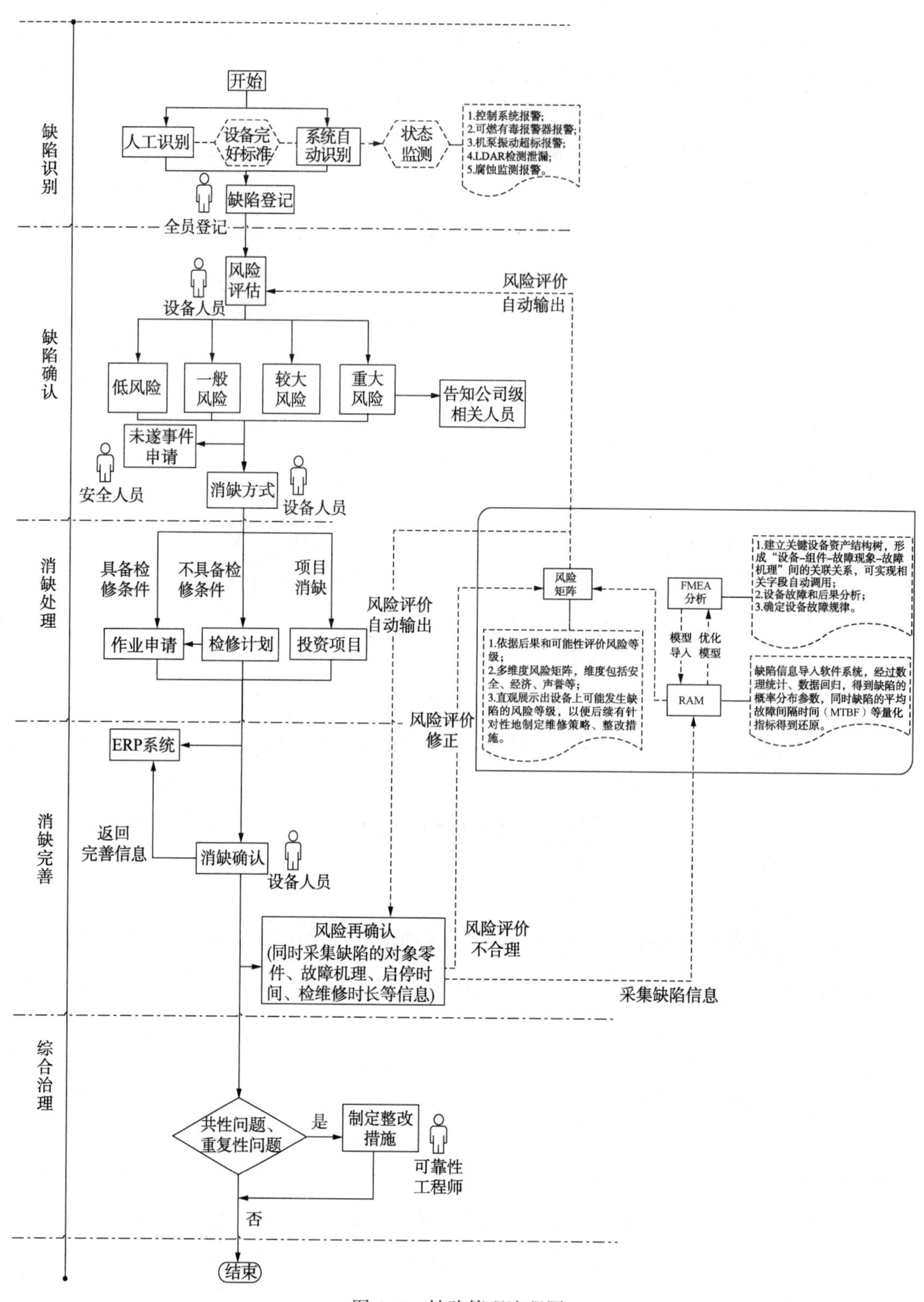

图 4-5　缺陷管理流程图

四、案例——缺陷管理应用案例

某炼化企业为有效对设备缺陷进行识别、响应、传达、消除，实现缺陷闭环及直接作业环节的信息化管理，确保《设备缺陷管理程序》落实执行，以炼化企业标准缺陷库为基础，自主开发了缺陷提报及作业信息管理系统(见图 4-6)。同时结合企业自有的预防性工作策略，将该系统增加了预防性检修计划的缺陷信息统计(图 4-7)功能，确保缺陷信息收集全面，为设备的可靠性管理提供了重要的基础数据。

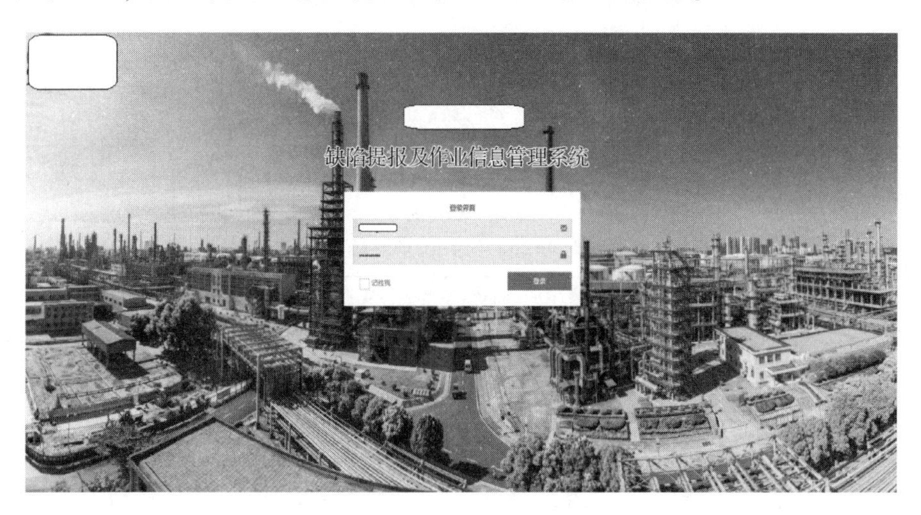

图 4-6　某炼化企业缺陷提报及作业信息管理系统

通知单信息完善

运行部:	炼油公用工程部	生产装置:	水务循环水-炼油	功能位置:	水务车间一循风	设备编码:	203508272	设备描述:	一循风-01/33
通知单类型:		M3	通知单状态:	处理	专业类别:	动	作业类别:	作业报告	
问题描述:		一循风-01/33凉水塔风机联轴器安装							
长文本:		一循风-01/33凉水塔风机联轴器安装							
提报人:		王聪		缺陷等级		四类缺陷			
故障开始时间		2020-09-16 08:49:17			故障结束时间		2020-09-18 07:58		
是否需要停机		□停机□不停机			技术检验		临时措施		
缺陷现象	X902/结构性缺陷或损坏（支撑、组件、零件、		影响	无影响	缺陷部位		请选择		
缺陷机理	请选择		缺陷原因	请选择		处理措施	请选择		
序号	配件描述	配件编码	安装位置	数量	更换原因		配件投用日期		

提交　　取消

图 4-7　某炼化企业标准缺陷库应用

五、附录

附录 1　设备故障强度分级(参考)

依据设备在生产中的重要性，结合设备缺陷引发的故障对生产活动的冲击、影响，定义设备故障强度，从而对设备缺陷进行分类管理。目前，设备故障强度分级见表 4-15。

表 4-15　设备故障强度分级表

故障强度等级	后果严重程度	对生产主要影响描述	故障强度扣分
1 级	严重故障	全厂生产波动，2 套以上生产装置非计划停工或全厂生产降量	50
2 级	严重故障	单套装置非计划停工或 2 套以上装置异常波动	30
3 级	严重故障	系统或装置局部停工，大机组急停，单套装置有 5 台及以上 A 类设备停运	20
4 级	严重故障	单套装置异常波动，未引起装置异常波动的大机组停机，或单套装置有 2~4 台 A 类设备停运	5
5 级	一般故障	单台设备停运	0
6 级	一般故障	无影响	0

附录 2　风险识别矩阵(表 4-16)

表 4-16　风险识别矩阵

设备风险识别矩阵		发生的可能性等级——从不可能到频繁发生							
		1	2	3	4	5	6	7	8
事故严重性等级(从轻到重)	后果等级	类似的事件没有在石油石化行业发生过，且发生的可能性极低	类似的事件没有在石油石化行业发生过	类似事件在石油石化行业发生过	类似的事件在集团公司曾经发生过，企业未曾发生	类似的事件在本企业相似设备设施(使用寿命内)或相似作业活动中发生过。企业内曾经发生	在设备设施(使用寿命内)或相同作业活动中发生过 1 或 2 次；企业一年内发生过	在设备设施(使用寿命内)或相同作业中发生过多次；企业范围内一年发生 2 次	在设备设施或相同作业活动中经常发生(至少每年发生 3 次)
		≤10^{-6}/年	10^{-6}~10^{-5}/年	10^{-5}~10^{-4}/年	10^{-4}~10^{-3}/年	10^{-3}~10^{-2}/年	10^{-2}~10^{-1}/年	10^{-1}~1/年	>1/年
	A0	1	1	1	1	3	5	5	7
	A	1	1	2	3	5	7	10	15
	B	2	2	3	5	7	10	15	23
	C	2	3	5	7	11	16	23	35
	D	5	8	12	17	25	37	55	81
	E	7	10	15	22	32	46	68	100
	F	10	15	20	30	43	64	94	138
	G	15	20	29	43	63	93	136	200

附录3 后果严重性分级(表4-17)

表4-17 后果严重性分级表

严重性等级	健康和安全影响（人员损害）	财产损失影响及对生产的影响	非财务性影响与社会影响
A0	对人员无伤害	单台设备停运，仅造成维修费用且未影响生产	无舆论影响
A	轻微影响的健康/安全事故： 1. 急救处理或医疗处理，但不需住院，不会因事故伤害损失工作日； 2. 短时间暴露超标，引起身体不适，但不会造成长期健康影响	事故直接经济损失在10万元以下。造成单个生产装置局部波动	能够引起周围社区少数居民短期内不满、抱怨或投诉(如抱怨设施噪声超标)
B	中等影响的健康/安全事故： 1. 因事故伤害损失工作日； 2. 1~2人轻伤	直接经济损失10万元以上，50万元以下；局部停车。造成单个生产装置降量或局部切除，大机组急停	1. 当地媒体的短期报道； 2. 对当地公共设施的日常运行造成干扰(如导致某道路在24h内无法正常通行)
C	较大影响的健康/安全事故： 1. 3人以上轻伤或1~2人重伤(包括急性工业中毒，下同)； 2. 暴露超标，带来长期健康影响或造成职业相关的严重疾病	直接经济损失50万元及以上，200万元以下；1~2套装置停车。多套装置生产波动	1. 存在合规性问题，不会造成严重的安全后果或不会导致地方政府相关监管部门采取强制性措施； 2. 当地媒体的长期报道； 3. 在当地造成不利的社会影响。对当地公共设施的日常运行造成严重干扰
D	较大的安全事故，导致人员死亡或重伤： 1. 界区内1~2人死亡或3~9人重伤； 2. 界区外1~2人重伤	直接经济损失200万元以上，1000万元以下；3套及以上装置停车及多套装置降量；发生局部区域的火灾爆炸	1. 引起地方政府相关监管部门采取强制性措施； 2. 引起国内或国际媒体的短期负面报道
E	严重的安全事故： 1. 界区内3~9人死亡或10人及以上，50人以下重伤； 2. 界区外1~2人死亡或3~9人重伤	事故直接经济损失1000万元以上，5000万以下；发生失控的火灾或爆炸	1. 引起国内或国际媒体长期负面关注； 2. 造成省级范围内的不利社会影响；对省级公共设施的日常运行造成严重干扰； 3. 引起了省级政府相关部门采取强制性措施； 4. 导致失去当地市场的生产、经营和销售许可证

续表

严重性等级	健康和安全影响（人员损害）	财产损失影响及对生产的影响	非财务性影响与社会影响
F	非常重大的安全事故，将导致工厂界区内或界区外多人伤亡： 1. 界区内10人及以上，30人以下死亡或50人及以上，100人以下重伤； 2. 界区外3~9人死亡或10人及以上，50人以下重伤	事故直接经济损失5000万元以上，1亿元以下	1. 引起了国家相关部门采取强制性措施； 2. 在全国范围内造成严重的社会影响； 3. 引起国内国际媒体重点跟踪报道或系列报道
G	特别重大的灾难性安全事故，将导致工厂界区内或界区外大量人员伤亡： 1. 界区内30人及以上死亡或100人及以上重伤； 2. 界区外10人及以上死亡或50人及以上重伤	事故直接经济损失1亿元以上	1. 引起国家领导人关注，或国务院、相关部委领导作出批示； 2. 导致吊销国际国内主要市场的生产、销售或经营许可证； 3. 引起国际国内主要市场上公众或投资人的强烈愤慨或谴责

第四节　风险管理

一、定义

对设备管理过程中的危害因素及其可能性、影响后果进行识别和风险分析，确定危害的发生概率和严重程度，采取有效的风险削减与控制措施，降低或控制风险在可接受的程度。

二、术语

1. 风险

危险事件引起生产波动、经济损失、人员伤害的程度与概率的组合。

2. 风险评估

评估来自危害的风险、考虑现有控制的适合性和决定该风险是否可接受的过程。

3. 重大风险

发生事故、伤害、损失的可能性和严重性均很严重，根据风险矩阵图评估为红色区域的风险。

4. 较大风险

发生事故、伤害、损失的可能性和严重性均较大，根据风险矩阵图评估为橙色区域的风险。

5. 中风险

发生事故、伤害、损失的可能性和严重性均一般，根据风险矩阵图评估为黄色区域的风险。

6. 低风险

发生事故、伤害、损失的可能性和严重性均较小，根据风险矩阵图评估为蓝色区域的风险。

7. 风险管控

采取防范措施、管理方案、整改方案、应急预案、重点监控管理等方法削减风险的过程。

三、目的(范围)

适用于所有设备全生命周期各阶段的风险预评估、危害识别、风险评估及风险管控四个环节。

四、标准(工作程序)

1. 建立风险识别标准

风险是不期望发生的事件的后果与发生概率的组合。建立基于事件后果与发生概率的随机组合，有助于企业操作及技术人员判别设备缺陷或随机事件带来的风险。

建立风险识别矩阵，即后果包含安全、环保、职业健康、经济、生产影响或其他类型的潜在损失。概率即时间发生的时间周期。

若事件后果满足安全、职业健康，经济损失、生产影响、其他影响之一时，则确定此事件的影响，见表 4-17。

2. 风险评估技术应用

推动风险评估及管控技术应用，有效评估及降低风险等级。

(1) FMEA/FMECA 技术

故障模式影响与危害分析(Failure Mode and Criticality Analysis，简记为 FMECA)是一种可靠性定性分析技术。目的是在设计过程中，通过对系统组成单元潜在的各种故障模式及对系统功能的影响。与产生后果的严重性进行分析，提出可能采取的措施，以提高系统可靠性。当只进行故障模式和影响分析时，简称 FMEA。

FMEA/FMECA 技术可应用于以下方面：

① 识别复杂系统潜在故障；

② 掌握失效对系统性能的影响（如安全性、操作性的影响）等；

③ 是否已设置足够的安全保障措施；

④ 确定设备和系统应进行的改进措施。

（2）FMEA 实施的主要步骤

① 确定需要分析的设备和工艺单元；

② 确定分析过程中需要考虑的后果；

③ 将工艺单元细分为子系统或设备部件；

④ 确定系统潜在的失效模式；

⑤ 评估潜在的故障模式可导致的后果等。

（3）RCM 技术

以可靠性为中心的维修（RCM）是第三代维修模式发展的新阶段，是目前国际上流行的、用以确定设备预防性维修工作需求、优化维修管理制度的一种系统工程方法，它广泛应用于航空、航天、军工、核电等领域并发挥了巨大的经济效益。

RCM 特点为：以最少的资源消耗保持设备固有可靠性和安全性，确定降低设备风险的检查、维护、操作策略并制定优化的维护任务工作包用于指导日常的设备检查和维护。

以可靠性为中心的维修以最小的资源消耗保持设备固有的安全性、可靠性为原则，按照系统化、科学化的评价原则确定设备风险重要度高低，根据设备风险等级制定完整化的系统的维修策略。

RCM 分析技术用于确定维护任务，包括 ITPM 任务。包含以下几个方面：

① 潜在故障/失效的风险等级；

② 消除失效所需的 ITPM 任务及频率；

③ 确定何种过程/系统功能需要保留；

④ 确定何种原因将导致系统功能无法实现；

⑤ 当缺陷发生时，对系统的影响；

⑥ 失效后果的严重程度；

⑦ 应采取的 ITPM 任务以便防止设备缺陷造成的更大影响；

⑧ 维护不当及设备失效时应采取的措施。

RCM 实施的步骤：

① 定义系统及其界限；

② 定义系统的功能及功能失效；

③ 进行 FMECA；

④ 选择失效管理策略；

⑤ 根据风险完成失效管理策略。

（4）RBI 技术

RBI 是一种通过评估工艺设备失效的可能性及后果，进行风险评估和风险管理的工具，其通过识别较高风险的设备，对其进行重点关注和优化，从而降低风险等级。RBI 通常用于制定和优化压力容器、储罐、管道、设备和安全设施的检验计划。

RBI 实施步骤：

① 收集设备和工艺数据，包含设计温度、设计压力、材料、尺寸、应力释放具体细节、保温、涂料/内衬、当前状况、上次检验数量和类型。此外，还需要掌握工艺流程、物料性质、工作温度、工作压力、易燃性、毒性和库存等。

② 风险建模，分析人员确定泄漏的可能性及后果。

③ 检查方法，确定检查方法、检查级别、最大检验间隔事件。

④ 制定检查计划，根据目前的检查结果，将数据输入到风险模型，重新计算风险等级，并在检查方法和检查人员的专业基础上，修改相应检查计划。

⑤ 管理系统和工具，RBI 普遍采用工作流程和计算机工具收集、解释、整合和报告检查的数据，以及计划和安排检查任务。

（5）保护层分析技术

保护层分析技术（LOPA），是一个简化的分析方法，可用于：

① 识别需要的额外 IPLS，包括 SIF；

② 确定保护层所需求的性能，以达到一个可接受的风险水平。

LOPA 分析步骤：

① 确定事故类型；

② 确定始发事件，并估计每个事故始发事件的发生频率；

③ 为每个事故识别后果，并估计其严重性；

④ 确定每个事故的独立保护层，估计每个独立保护层的失效可能性；

⑤ 评估风险，以确定是否需要一个安全仪表功能，或确定所需要的性能，以使风险水平可被接受。

五、风险排查

风险排查应是日常性或定时性的活动，参与人员范围应包含设计、制造商、承包商、物流、操作、维护、技术、管理等参与设备全生命周期管理各阶段的人员及组织。风险排查人员应具备一定的专业技术能力及素养，企业也应定期对相关人员进行风险识别应用等工具的培训。

目前，设备完整性管理风险排查工作主要有三项工作，即：

1. 设备变更风险排查

按照企业《生产安全变更管理规定》，排查设备设施变更中潜在风险。

（1）设备缺陷风险排查

设备本体或其功能存在欠缺或丧失，不符合设计预期或相关验收标准的潜在风险。

（2）延期检修/检验风险排查

检验、检测和预防性维修计划经过审批后确定延期实施的潜在风险。

2. 风险分级

风险分级由企业专业技术人员评估，按照风险评估矩阵图评估风险等级。由专业管理人员组织对风险分级结果进行评定后评判最终风险等级，风险等级通常分为重大、较大、一般、低风险等四个等级。见表4-16。

3. 风险管控

风险分级后，按照风险评定的等级确定风险管控措施，重大、较大风险由设备管理部门最终确定风险管控措施，一般、低风险由运行部确定最终管控措施。管控措施应包含整改措施及消除措施，整改措施即措施实施完毕后，风险将降低到可接受范围内，经设备管理部门定期跟踪及评定后，具备带缺陷运行能力直到缺陷完全消除。消除措施即措施实施后，风险降低到无需定期跟踪或已完全消除。

当发生设备变更时，需制定风险管控措施，以便能控制设备变更带来的潜在失效风险。措施应包含：

① 变更组织实施应采取的技术及设施；

② 变更实施过程中发生随机失效事件时应采取的应急措施；

③ 变更实施时工艺、安全专业应采取的措施等。

当检验/检修计划发生并需执行时，应做好如下措施：

① 评估备用设备运行状况，包含工艺运行参数、设备运行参数及联锁保护系统投用情况等；

② 延期检修的时间及应采取的技术措施；

③ 延期检修计划变更的审批。

4. 风险后评价

当重大、较大风险得到控制后，设备管理部门组织运行部、维保单位及相关部门对管控后的风险再次评估，当风险无法抑制并不断扩大后，应由设备管理部门再次组织对措施进行修订并跟踪措施的实施。

重大、较大风险消除后，设备管理部门应定期组织对风险排查、风险评估、风险管控等各环节进行总结、评价，形成评价报告。评价报告应包含管控及消除措施实施记录、风险分级结果、残余风险再评价等内容。

六、流程图(图 4-8)

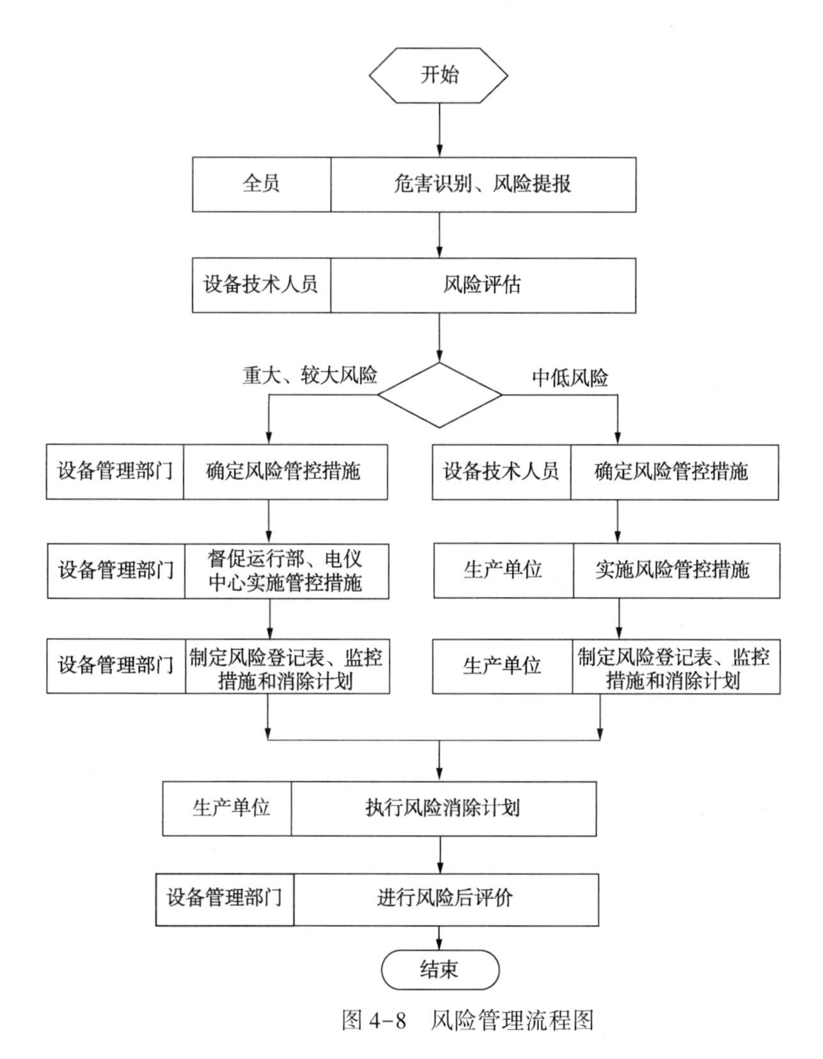

图 4-8 风险管理流程图

七、案例

【案例一】某企业风险管理程序

1. 风险排查

(1) 设备设计建造阶段，设备工程部参与发展技术部组织的设计过程中的风险排查。

(2) 设备购置阶段，物资采购中心组织设备购置阶段的风险排查。

(3) 工程建设阶段，设备工程部组织建造过程中的风险排查。

(4) 固定资产投资项目联动试车、生产准备和投产、试投用阶段，生产管理部组织风险排查。

(5) 设备使用、运行和维护阶段，设备工程部、电仪中心、运行部、维保单位在“三检”、专项检查和监检测数据分析、ITPM计划延期活动中排查风险并记录。

(6) 设备停用、闲置及报废阶段，运行部排查设备在清洗、保存和拆除过程中的风险并记录。

(7) 设备报废后，物资采购中心排查报废设备在处置过程中的风险并记录。

2. 风险评估

(1) 设备工程部可靠性工程师综合考虑安全、环境、设备、生产、产品质量、社会舆论等方面造成影响的概率和严重程度后，根据石油石化行业风险评估矩阵图进行风险评估，设备工程部审核。

(2) 风险划分为重大、较大、中等、低风险四个级别后进入风险管控。

3. 风险管控

(1) 制定风险管控措施

重大、较大风险由设备工程部组织专家团队制定管控措施，中等、低风险由设备工程部可靠性工程师、电仪中心、运行部、维保单位制定管控措施。

(2) 风险管控措施确认

① 重大风险管控措施由公司主管副总工程师进行审核确认，主管副总经理批准，设备工程部组织实施并监督落实情况。

② 较大风险管控措施由设备工程部进行审核确认，设备工程部部长批准，设备工程部组织实施并监督落实情况。

③ 中、低风险管控措施由电仪中心、运行部进行审核确认，运行部、电仪中心组织实施并监督落实情况。

④ 设备工程部、电仪中心、运行部、维保单位对管控中的风险进行动态监控和定期检查。

⑤ 设备工程部组织，电仪中心、运行部根据风险登记表，按风险等级及风险消除的难易程度，制定风险消除计划，按计划实施消除风险。

⑥ 当风险无法得到有效控制时，设备工程部可靠性工程师评估风险是否升级，运行部、电仪中心应及时报告，启动应急预案，进行现场应急处置。设备工程部组织专家团队重新制定管控措施，运行部、电仪中心组织实施。

4. 风险后评价

(1) 风险管控后的再评估

重大、较大风险得到控制后，设备工程部组织，电仪中心、运行部、维保单位对管控后的风险再次评估。

(2) 风险消除后的评价

重大、较大风险消除后，设备工程部组织对风险排查、风险评估、风险管控等各环

节进行总结、评价，形成评价报告。

【案例二】变更风险评估分级实例

某企业延迟焦化装置辐射泵出口压力偏高，为有效节能降耗，运行部提报设备变更申请，登记变更对象、变更原因及内容。可靠性工程师评估变更风险，确定风险等级。审批通过后，运行部组织变更实施后出具实施后评估表。相关图表见表 4-18、表 4-19。

表 4-18 设备变更申请表

变更申请人		单位		专业		申请日期	
变更名称							
变更费用预算							
变更原因							
变更内容							
变更类型							
变更风险评估							
运行部意见							
专业主管 审核意见							
设备工程部审核							
公司领导审批							

表 4-19　设备变更实施后评估表

变更名称	
变更前设备系统情况	
变更后设备系统情况	
评估结论	
评估人员	

【案例三】延期检验/检修风险评估

某企业针对预防性检修无法按期实施的情况，设置延期实施风险评估。运行部提报延期申请后，由可靠性工程师评估预防性计划延期执行的风险并确定风险管控措施。延期报告经专业及设备管理部门审批通过后生效。延期评估表见表 4-20。

表 4-20　延期检验/检修风险评估表

序号	专业类别	装置名称	设备位号	设备名称	预防性维修/试验周期	上次维修/试验时间（年/月/日）	本次计划维修/试验时间（年/月/日）	延期及变更原因	关键性等级	延期及变更评估			申请人	备注
										风险评估等级	风险管控措施	申请延期日期		

审批意见栏

	维保单位	运行部	设备工程部			
审批签字	动设备专业经理：	经理/书记：	动专业可靠性工程师专业组长：	动专业工程师：	设备科专业经量；	部长：
	日期：		日期：	日期：	日期：	
	电气专业经理：		电气专业可靠性工程师专业组长：	电气专业工程师：		
	日期：		日期：	日期：	仪电科专业经理：	
	仪表专业经理：		仪表可靠性工程师专业组长：	仪表专业工程师：		
	日期：	日期：	日期：	日期：	日期：	日期：

第五节　设备管理定时性工作

一、目的及适用范围

根据优秀企业和专家的管理经验，将设备管理分层次、分专业，按照年、月、周、日、时的时间轴，把必须重复进行的工作固化成定时性事务。建立有效的设备管理和使用维护秩序，规范设备管理人员和使用维护人员的工作内容和工作程序，减少设备管理及使用维护的随意性，提高设备管理制度、预防性工作的执行力，实现石油化工企业设备管理的规范化、标准化、程序化、表单化，提升公司管理水平和管理效率。适用于定时召开的各类会议、专业定时性检查工作及其他定时性工作任务。

二、标准

工作程序如下：

（1）制度管理

企业应建立完善的设备管理制度，设备管理制度应将相关定时性会议、检查、事务、统计等工作列入其中。

（2）定时性会议管理

企业应定时召开半年方针政策回头看、年度方针政策总结讨论、完整性评审、设备月度例会、设备管理制度变更、操作规程变更、运行部月度总结、运行部 ITPM 任务讨论会等会议。并及时完成会议纪要并上传。

（3）检查管理

企业按时完成各项定时性专项检查工作及结果统计。定时性检查完成后，应将检查过程中发现的问题及时进行处理。

（4）专业定时性事务

企业应定时开展现场管理、使用维护、运行监控中各项专业事务的检查工作。专业定时性事务见表 4-21～表 4-24。

（5）其他定时性事务

企业应定时将 KPI 总结、运行部月度总结、专业总结、公司级总结的通知推送至相关单位，并按时完成。

（6）定时性事务统计

定时统计事务执行率及问题整改率，作为绩效评估及评审改进的参考依据。

表 4-21 石油化工企业设备综合类定时性事务工作

专业	执行部门	频次	业务名称	工作内容	记录表单	工作时段或完成时间	是否需要定时触发
设备综合	设备主管部门	1次/年	设备工作会议	总结设备专业上年度工作，布置当年度工作任务；表彰设备专业先进集体及个人	年度总结报告	每年1月或2月份	是
设备综合	设备主管部门	1次/年	专业年度规划、预防性工作策略	策划下年度工作计划	专业年度规划、各专业预防性工作策略	每年11月30日交初稿；12月15日交终稿	是
设备综合	设备主管部门	1次/年	年度工作总结	总结当年度工作，查找差距及存在问题	设备工作总结	每年11月30日交初稿；12月10日交终稿	是
设备综合	设备主管部门	1次/月	KPI月报，专业月报	总结每月KPI指标统计和分析，对专业制度执行情况进行分析	KPI月报、各专业月报	次月5日前	是
设备综合	设备主管部门	1次/年	承包商年度评审	根据承包商一年内日常考核情况、合同执行、综合履约情况进行评价	通报等形式	每年3月完成上年度评价	否
设备综合	设备主管部门	每月一次	修理费及物料分解分析	每年分解修理费，每月对发生修理费及消耗物料进行分析	修理费分析报告	每月完成	是
设备综合	设备主管部门	每年一次	设备分级结果修订	每年对设备分级结果进行修订	设备分级台账	每年12月31日前	是
设备综合	设备主管部门	1~2次/年	设备更新项目下达	组织年度修理和更新项目的申报、汇总、组织审查、编制、报批、下达年度项目	××年第×批设备更新项目实施计划	年度计划一般在10月30日左右申报，次年1月份下达	否
设备综合	设备主管部门	1次/月	月度检修计划	月度检修计划	月度检修计划	月底前	否
设备综合	设备主管部门	1次/年	制度评价及修订	每年对各项设备制度进行评价修订	制度修订审批文件		
设备综合	设备主管部门	1次/年	年度方针政策讨论会	制定年度方针、政策	设备管理方针目标展开图	每年1月份	是
设备综合	设备主管部门	1次/半年	专业年度规划回头看	每半年定时组织“专业年度规划回头看”，讨论半年的工作是否与规划相符，是否需要修订年度规划	“专业年度规划回头看”总结	每季度最后一个月下旬召开会议	是

表 4-22 石油化工转动设备专业定时性事务工作

专业	执行部门	频次	业务名称	工作内容	记录表单	工作时段或完成时间	是否需要定时触发
动设备	基层单位 维护单位	1次/天	特级维护管理	对特护机组进行现场检查。包括进行缺陷故障完好检查和运行参数检查	特护记录	基层单位、维护单位每天定点现场检查	是
动设备		1次/周	盘车	普通机泵盘车	操作日志	基层单位每周定点现场检查	
动设备	基层单位	1次/季度	机泵定期切换运行	对正常备用的机泵设备进行定期切换运行	机泵运行记录	到期前检查	是
动设备	基层单位	1次/周	备用机组定期盘车	每周四对备用往复机组进行盘车1～2min。有油润滑的往复机组应先运行注油器再盘车，并检查注油器运行情况。盘车停止时应避开“死点”	操作日志	每周检查	是
动设备	基层单位	冬季1次/月	动设备防冻防凝检查	检查机泵及机组油冷器、密封冷却水、机泵冷却水、软化水站的运行情况，冷却水应保持循环通畅，压力大于0.3MPa；未投用设备应将冷却水排空；检查并投用易冻凝机泵防冻防凝线、伴热线、备用泵出口防冻线	机泵防冻防凝检查表	到期前检查	是
动设备	设备支持中心	1次/月	润滑管理	每月对监控的机组润滑油进行采样分析，对润滑油不合格的及时进行换油处理	加换油记录	到期前检查	是
动设备	设备管理部门	1次/3月	蒸汽透平速关阀检查	至少每3个月对机组速关阀进行试验，检查速关阀是否卡涩	机组特护记录	到期前检查	是
动设备	基层单位 维护单位	每天	机泵巡检	操作工每2h对机泵进行1次巡检；每晚至少对重要机泵巡检1次。操作和维护人员离线采集状态数据每天不少于1次，重要机泵不少于2次。车间管理人员每天进行检查	机泵巡检系统或记录	基层单位、维护单位每天定时开展巡检	否
动设备	基层单位	1次/周	特阀定期检查	催化塞阀、滑阀、烟机入口蝶阀等检查连接件，填料、微动检查、执行机构	检查表	到期前检查	是
动设备	设备管理部门	1次/月	烟机运行月报	每月7日前编制烟机运行月报。发生停机12h内报备	月报系统	到期前检查	是

表 4-23 石油化工企业电气专业定时性事务工作

专业	执行部门	频次	业务名称	工作内容	记录表单	工作时段或完成时间	是否需要定时触发
电气专业	发展计划部门、设备主管部门	1次/年	电力系统主网结构评估	结合装置新建、改扩建的用电负荷变化，对主网结构进行评估，制定改进措施	电力系统结构评估报告	10月	是
电气专业	设备主管单位、设备维修中心	1次/年	继电保护总结	对上年度继电保护装置运行情况进行总结，准确填写继电保护装置动作评价表	继电保护总结、继电保护装置动作评价表	每年度初	是
电气专业	设备主管单位、设备维修中心	1次/月	月度岗检	对现场设备及制度执行情况进行检查	台账、记录	每月底	是
电气专业	设备维修中心	1次/年	安全规程考试	工作负责人、工作票签发人、工作许可人安全规程考试，公布下一年度的“三种人”名单	发布文件，公布“三种人”名单	每年上半年	是
电气专业	设备维修中心	1次/季度	事故演练	结合电气事故应急预案进行演练，锻炼运维人员事故的应急处理能力	事故应急演练报告	每季度末	是
电气专业	设备维修中心	三定周期	三定工作	定期清扫、定期检修、定期试验	试验报告	三定计划	否
电气专业	设备维修中心	1次/季度	红外成像检测	变配电设备：220kV及以下变(配)电站	记录	每季度末	是
电气专业	设备维修中心	1次/年		输电线路：220kV及以下、6kV及以上架空线路	记录	每年末	是
电气专业	设备维修中心	1次/季度		输电线路：110kV电力电缆终端头、中间头	记录	每季度末	是
电气专业	设备维修中心	2次/年		输电线路：35kV以下6kV以上电力电缆终端头、中间头	记录	每半年	是
电气专业	设备维修中心	1次/季度		电机：A类	记录	每季度末	是
电气专业	设备维修中心	1次/年		SF_6气体绝缘设备检漏	记录	每年末	是

续表

专业	执行部门	频次	业务名称	工作内容	记录表单	工作时段或完成时间	是否需要定时触发
电气专业	设备维修中心	1次/1年	带电局放检测	输电线路：110kV及以上电缆终端头、中间头	记录	每年末	是
电气专业	设备维修中心	1次/2年		输电线路：35kV电缆终端头、中间头	记录	每两年末	是
电气专业	设备维修中心	1次/年		GIS：110kV及以上	记录	每年末	是
电气专业	设备维修中心	1次/2年		GIS：35kV	记录	每两年末	是
电气专业	设备维修中心	1次/2年		开关柜及母线：35kV开关柜及其母线桥	记录	每两年末	是
电气专业	设备维修中心	1次/4年		开关柜及母线：6(10)kV开关柜及其母线桥	记录	每生产周期末	是
电气专业	设备维修中心	2次/年	季节性维护	防雷防静电检测：爆炸危险场所的防雷设施	记录	每半年	是
电气专业	设备维修中心	1次/年		防雷防静电检测：非爆炸危险场所的防雷、防静电设施	记录	每年末	是
电气专业	设备维修中心	1次/雨季前		防雨防潮：变配电室、控制室排水设施	记录	雨季前	是
电气专业	设备维修中心	1次/夏季每月		防高温：成像检测频次增加为每月一次	记录	夏季每月末	是
电气专业	设备维修中心	及时		防冻、防台防汛、防尘、防小动物、防凝露检查	记录	及时	是

表 4-24 石油化工仪控专业定时性事务工作

专业	执行部门	频次	业务名称	工作内容	记录表单	工作时段或完成时间	是否需要定时触发
仪控专业	设备主管部门	1 次/年	自控率评估	组织生产技术、设备、仪表、电气等，对自控率进行评估，并出具评估报告，制定改进措施	自控率评估报告	每年初	是
仪控专业	设备主管部门	1 次/年	联锁投用率评估	组织生产技术、设备、仪表、电气等，对联锁投用率进行评估，并出具评估报告，制定改进措施	联锁投用率评估报告	每年初	是
仪控专业	设备维修中心	1 次/年	定期保养计划	制定下年度定期保养计划	记录	每年初	是
仪控专业	设备维修中心	1 次/季度	事故演练	结合仪表事故应急预案进行演练，锻炼运维人员事故的应急处理能力	事故应急演练报告	每季度末	是
仪控专业	设备维修中心	1 次/月	专业技术培训	制定年度培训计划，组织仪表及控制系统检维修专业培训，新技术交流	记录	每月	是
仪控专业	设备维修中心	1 次/月	月度专业工作计划	制定月度检维修计划等	ERP 填报或正式文件	每月	是
仪控专业	设备维修中心	按法律规范、规程规定	定期检验	定期检定/校准：固定式可燃及有毒气体报警器、贸易结算计量仪表、国(省)控污染源在线环保监测仪表(CEMS、COD、VOCs、氨氮等)、能源及物料计量仪表等，按国家计量规范要求进行检定或校准	台账、记录	按国家计量规范要求进行检定或校准	是
仪控专业	设备维修中心	按年度预防性维修计划执行		定期校验：联锁回路、控制回路、与产品质量相关的测量回路中的压力(差压)变送器(开关)、有副线的流量仪表、有副线调节阀、在线分析仪表、外浮筒液位计、带套管温度仪表等进行校验	记录	按年度预防性维修计划执行，执行周期不超过基准周期的 1.5 倍	是

续表

专业	执行部门	频次	业务名称	工作内容	记录表单	工作时段或完成时间	是否需要定时触发
仪控专业	设备维修中心	按年度预防性维修计划执行	定期检验	定期比对：联锁及控制仪表回路、与产品质量相关的测量回路中的雷达液位计、浮子式液位计、无副线的流量仪表及调节阀等在运行期间无法进行校验的，进行在线比对	记录	按年度预防性维修计划执行，执行周期不超过基准周期的 1.5 倍	是
仪控专业	设备维修中心	1 次/月	定期检查	固定式可燃及有毒气体报警器零点检查	记录	每月	是
仪控专业	设备维修中心	1 次/月		控制系统时钟同步检查	记录	每月	是
仪控专业	设备维修中心	1 次/月		控制器负荷及通讯负荷检查	记录	每月	是
仪控专业	设备维修中心	1 次/月	定期试验	辅操台灯屏及音响试验	记录	每月	是
仪控专业	设备维修中心	2 次/年		DCS 服务器热备切换	记录	每半年	是
仪控专业	设备维修中心	2 次/年		固定式可燃及有毒气体报警器通气试验	记录	每半年	是
仪控专业	设备维修中心	2 次/年	定期润滑	高温浮球液位计、带注油孔的控制阀、长行程执行机构、带油雾润滑器的执行机构、刮板流量计等仪表进行润滑	记录	每半年	是
仪控专业	设备维修中心	2 次/年	定期清扫	对机柜间及在线分析小屋空调过滤网、室外机散热片进行清扫	记录	每半年	是
仪控专业	设备维修中心	2 次/年		对控制系统机柜过滤网及风扇进行清理	记录	每半年	是
仪控专业	设备维修中心	2 次/年		对工程师站、服务器、操作站等上位机主机进行清扫	记录	每半年	是
仪控专业	设备维修中心	2 次/年		对光学测量仪表镜片进行清理	记录	每半年	是
仪控专业	设备维修中心	1 次/月	红外温度检测	对电源柜、系统柜、端子柜、安全栅柜、网络柜等机柜内的电子设备，每月至少开展一次红外成像检测	记录	每月	是
仪控专业	设备维修中心	1 次/季		对达到使用寿命 80% 的 220VAC、100VDC 电磁阀开展一次红外温度检测	记录	每季	是

续表

专业	执行部门	频次	业务名称	工作内容	记录表单	工作时段或完成时间	是否需要定时触发
仪控专业	设备维修中心	1次/年	接地电阻检测	对控制系统机柜工作接地汇流排和保护接地回流排的接地干线，进行接地电阻检测，不应大于4Ω	记录	每年	是
仪控专业	设备维修中心	1次/季	计量质量流量计状态检测	每季度一次对贸易交接、能源及物料计量用质量流量计的基础零点、驱动增益、检测线圈电压、振动频率等运行状态参数进行检查	记录	每季	是
仪控专业	设备维修中心	1次/年	季节性维护	防雷：仪表防雷检查	记录	每年	是
仪控专业	设备维修中心	1次/年		防雨防潮、防台防汛、防冻防凝	记录	每年	是
仪控专业	设备维修中心	1次/月（夏季）		防高温：有空调备机的地方要求每月切换一次	记录	每年	是
仪控专业	设备维修中心	1次/月		防小动物	记录	每月	是
仪控专业	设备维修中心	及时		防尘	记录	及时	否

(7) 支持性文件

要符合相关法规和技术规范的要求。

(8) 流程(图 4-9)

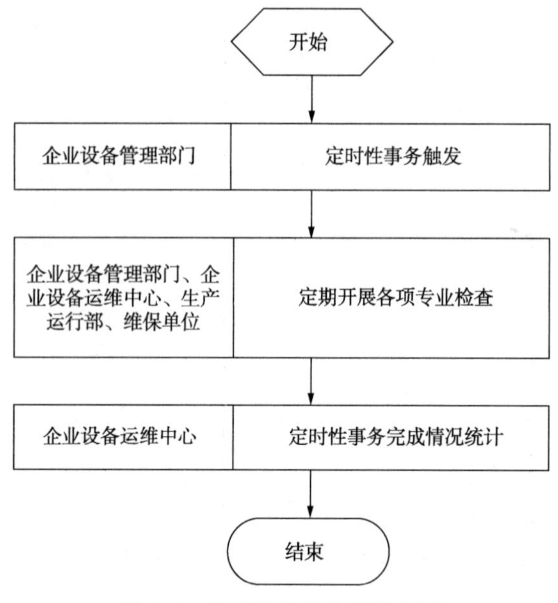

图 4-9　定时性事务管理流程图

第六节　KPI 指标建立

一、目的及适用范围

在传统的设备管理 KPI 的基础上增加和完善设备管理绩效 KPI 指标，有效评审和改进设备完整性管理体系实施效果，结合企业设备运行维护数据源的实际情况，实现设备完整性体系 KPI 绩效指标结果自动计算。

二、定义和术语

(1) KPI

石油化工企业设备完整性管理体系关键绩效指标。

(2) 自动采集数据

能够实现从已投用的信息数据系统等自动采集到需要的数据。

(3) 人工填报数据

目前还无法通过自动采集的数据。

(4) 常量数据

长期不变的数据或至少一个检修周期内不发生变化的数据。

三、流程(流程图)

1. 企业战略目标确定

各企业会发布明确的战略目标。

2. KPI 的确定

(1) 企业级 KPI

根据明确的企业战略目标，采用头脑风暴或其他分析方法找出企业的业务重点，提取企业级 KPI。

(2) 分解企业级指标

一旦企业确定了战略层面的 KPI，那么就需制定次级 KPI 来支持其进行。需要将企业级 KPI 分解至设备 KPI。企业级 KPI 可以沿用企业原来的 KPI，也可设计新指标来帮助企业从 KPI 中得到信息来了解现有的绩效情况，并根据现有情况制定进一步的措施来进行相关改进。

(3) 分解设备指标

一旦确定了设备管理的 KPI，需要继续分解指标来支持其进行。设备 KPI 继续分解为专业 KPI，专业分为动设备、静设备、电气专业、仪表专业四个专业指标。各专业根据自身特点分解出若干更细的 KPI，这些指标包含可靠性指标和经济性指标，能够对设备 KPI 起到很好的推动作用。

3. 指标评判标准

确定专业指标后，根据指标的测算情况和各运行单元的实际情况，确定各项指标的评判标准，即该项指标将如何运行。

(1) 设定评判体系

明确指标的评判依据、评判范围、评判机制等。即通过指标结果能够评判在各项上指标上应该达到什么样的水平，能够衡量或评价工作质量。

(2) 设定目标值

通过测算出或实际运行的指标结果，根据自身情况制定合理的目标值，目标值应分解至计划员组。目标值是动态的，需要根据上一级 KPI 的调整而调整。

4. 审核 KPI

各层级 KPI 由相应级别的管理人员组织进行审核，评估 KPI、评判标准、目标值等是否合理。评估 KPI 结果对象的效果一致性、可实施性。确保 KPI 在发布执行后能够全面、客观地反映被评价对象的绩效，且易于操作。

5. 开展 KPI 分析

（1）制定计算规则和取数逻辑

根据企业自身情况，整理已投用和将要投用的数据信息系统，制定合理的计算规则和取数逻辑。在数据准确、更新维护及时的前提下，兼顾方便、快捷的操作，对各项指标制定计算方法和取数方法。这些数据分为自动采集数据、人工填报数据和常量数据。

（2）计算 KPI 指标

根据既定的公式算法和取数来源，由相关责任人员计算各项 KPI 的值。KPI 的值应该计算到计划员组的层级。

（3）KPI 统计分析

对 KPI 指标完成情况进行通报，进行各项指标的详细分析，从数据中发现技术、管理问题。提出改进建议和措施。对比措施执行前后，评估措施执行效果。通过不同维度的数据对比，全面、整体地衡量自身水平。

6. KPI 提升和改进

KPI 制定是一个动态的过程，运行一个年度或者一个周期后，需要开展持续改进工作。一方面，管理良好的企业从 KPI 中得到信心来了解现有的绩效情况，并根据现有情况制定下一步的措施进行相关改进。另一方面，KPI 也需要根据企业战略目标的调整而相应改变。

四、案例

以某炼化企业转动专业 KPI 为例，阐述 KPI 的运行。

1. 分解设备指标

根据公司发布的战略目标，综合管理部提取的企业级 KPI，分解到不同归口后。设备管理主要 KPI 指标：装置可靠性指数、维修费用指数、千台离心泵密封消耗量、换热设备切除检修率、仪表自控率、压力容器取证率、压力管道取证率、转动设备故障维修率、大型机组故障率、设备引起的非计划停工次数，共 10 个指标。

2. 分解专业指标

例如转动专业指标确定后，专家组在大指标的基础上进行讨论和评判，设置了另外 9 个指标，共 13 个指标组成转动专业 KPI。见图 4-10。

（1）设定评判体系

明确指标的评判依据、评判范围、评判机制等。即通过指标结果能够评判在各项上指标上应该达到什么样的水平，能够衡量或评价工作质量。见表 4-25。

（2）设定目标值

通过测算计划员组近三年的指标结果，根据自身情况制定合理的计划员组级的目标值。见表 4-26。

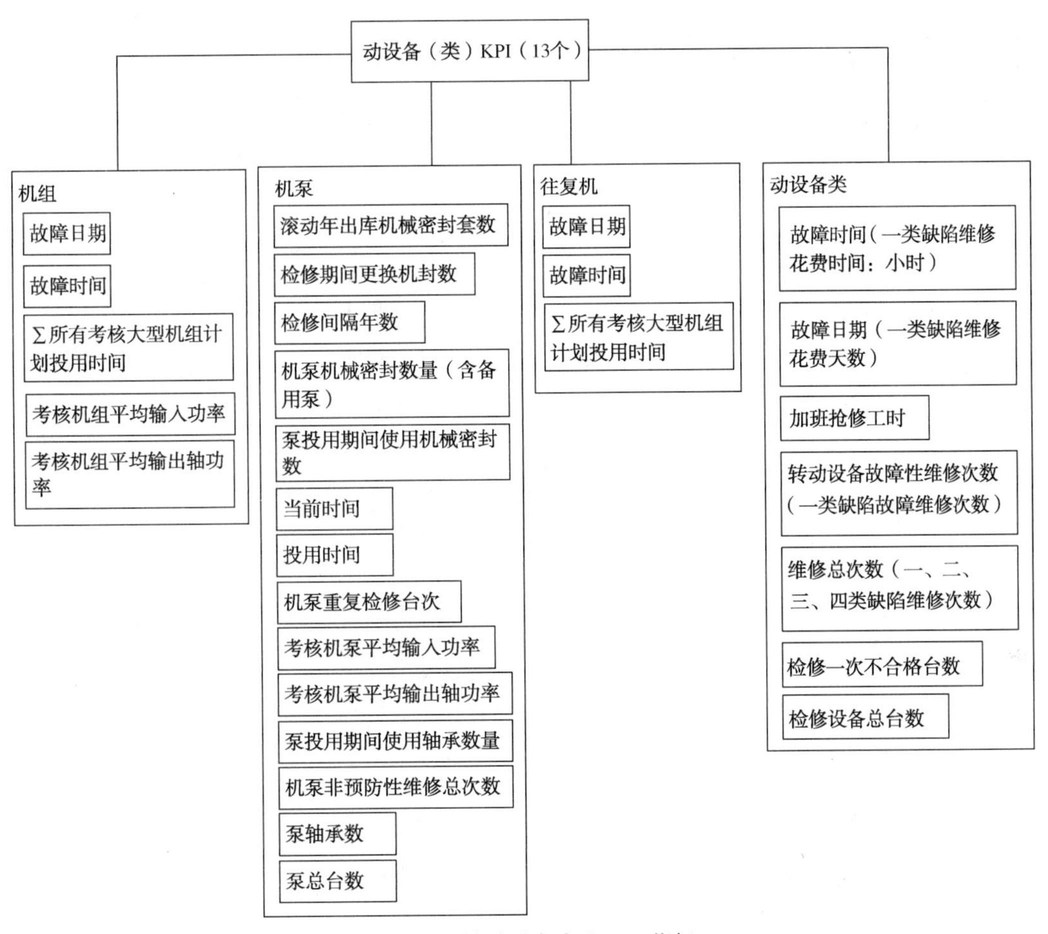

图 4-10　转动设备专业 KPI 指标

表 4-25　KPI 含义释义

序号	指标名称	含　义
1	四类以上故障强度扣分	反映设备发生故障对生产造成的影响
2	大型机组故障率（该指标为月度指标，指标仅代表截止计算时刻的当月值，累计值为累计时间段内故障总时间/投用总时间）	统计周期内机组由于故障，造成的停机时间占比
3	转动设备故障性维修率（该指标为月度指标，指标仅代表计算时刻的当月值，累计值为累计时间段内总次数/维修总次数）	故障检修占比
4	千台离心泵密封消耗量年度滚动值（催化、常减压、焦化）（该指标为年度指标，指标代表截止到计算时刻近 12 个月的累计值）	密封消耗的统计

表 4-26 KPI 目标值分解

KPI 指标	2019 年目标值	2019 年车间目标值分解											
		联合一	联合二	联合三	联合四焦化	储运	水务	综合	气加	聚丙烯	联合二（热电）	公用工程（热电）	铁路
四类以上故障强度扣分	≤40 分/年	0.0	0.0	0.0	0.0	0.0	0.0	0.0	0.0	0.0	0.0	0.0	0.0
大机组故障率	<0.45‰	0.45‰	0.45‰	0.45‰	0.0	0.0	0.0	0.0	0.0	0.0	0.0	0.0	0.0
故障维修率	<6.0%	6.0%	6.0%	5.5%	0.0	6.0%	6.0%	0.0	6.0%	5.5%	6.0%	6.0%	0.0
离心泵密封消耗量	<290 套/千台·年	340	330	330	400	200	150	290	550	460	290	500	290
紧急抢修工时率	<1%	1.0%	0.0	6.5%	0.0	0.0	0.0	0.0	0.0	6.5%	0.0	0.0	0.0
工单平均完成时间	<24h	24.0	24.0	24.0	24.0	24.0	24.0	24.0	24.0	24.0	24.0	24.0	24.0
机械密封平均寿命	≥20800h	28000.0	21000.0	34000.0	19500.0	38000.0	20800.0	20800.0	13500.0	45000.0	21000.0	20800.0	20800.0
轴承平均寿命	≥29000h	45000.0	28000.0	35000.0	24200.0	50000.0	24000.0	26500.0	20000.0	50000.0	30000.0	29000.0	29000.0
检修一次合格率	≥98%	98%	98%	98%	100%	98%	98%	100%	98%	98%	98%	98%	100%
往复机组故障率	<0.13%	0.13%	0.0	0.0	0.0	0.0	0.0	0.0	0.0	0.0	0.0	0.0	0.0
年度机泵重复检修台次	<8 台次/百台·年	10.0	10.0	10.0	12.0	8.0	8.0	10.5	28.0	15.0	6.0	35.0	10.0
转动设备 MTBF	>74 月	100.0	76.0	100.0	78.0	74.0	74.0	100.0	74.0	70.0	76.0	30.0	100.0

3. 审核 KPI

动设备专家团队对专业 KPI 进行审核，评估 KPI、评判标准、目标值等是否合理。评估 KPI 结果对象的效果一致性、可实施性。计划员组及 KPI 由对应的可靠性工程师组织区域团队进行目标值、可实施性等方面敲定。

4. 开展 KPI 分析

(1) 制定计算规则和取数逻辑

根据数据信息系统，整合及查找 EM 系统、DRBPM 系统、机泵离线巡检系统中已有数据选择合理的取数点，制定合理的计算规则和取数逻辑。在数据准确、更新维护及时的前提下，兼顾方便、快捷的操作，对各项指标制定计算方法和取数方法。这些数据分为自动采集数据、人工填报数据和常量数据。见表 4-27。

(2) 计算 KPI 指标

根据既定的公式算法和取数来源，由相关责任人员计算各项 KPI 的值。KPI 的值应该计算到计划员组(生产单元)的层级。见表 4-28。

(3) KPI 统计分析

对 KPI 指标完成情况进行通报，进行各项指标的详细分析，从数据中发现技术、管理问题。提出改进建议和措施。对比措施执行前后，评估措施执行效果。通过不同维度的数据对比，全面、整体地衡量自身水平。

5. KPI 提升和改进

KPI 制定是一个动态的过程，运行一个年度或者一个周期后，需要开展持续改进工作。一方面，管理良好的企业从 KPI 中得到信心来了解现有的绩效情况，并根据现有情况制定下一步的措施进行相关改进。另一方面，KPI 也需要根据企业战略目标的调整而相应改变。

表 4-27　KPI 计算规则和取数逻辑

<table>
<tr><th>序号</th><th>指标名称</th><th>含义</th><th>公式</th><th>计量变量</th><th>数据类型</th><th>取数说明</th><th>是否分解至车间</th><th>统计频次</th><th>补充说明</th></tr>
<tr><td>1</td><td>四类以上故障强度扣分</td><td>反映设备发生故障对生产造成的影响</td><td>按分值统计</td><td></td><td></td><td></td><td>是</td><td>月度统计</td><td>评分依据见故障管理办法</td></tr>
<tr><td rowspan="3">2</td><td rowspan="3">大型机组故障率
（该指标为月度指标，指标仅代表截止计算时刻的当月值，累计值为累计时间段内故障总时间/投用总时间）</td><td rowspan="3">统计周期内机组由于故障，造成的停机时间占比</td><td rowspan="3">（Σ考核大型机组故障时间）/（Σ所有考核大型机组计划投用时间）×100%</td><td>故障日期</td><td>自动采集数据</td><td>大型机组一类缺陷通知单（M2）中“故障结束日期-故障开始日期”</td><td rowspan="3">是</td><td rowspan="3">月度统计</td><td rowspan="3">大型机组由工厂自定义，工厂已明确为 13 台，用分类字段识别</td></tr>
<tr><td>故障时间</td><td>自动采集数据</td><td>大型机组一类缺陷通知单（M2）中“故障结束时间-故障开始时间”</td></tr>
<tr><td>Σ所有考核大型机组计划投用时间</td><td>常量数据</td><td>大型机组计划投用时间；一年一台（8760h）、一月一台（8760/12h）</td></tr>
<tr><td rowspan="2">3</td><td rowspan="2">转动设备故障性维修率（该指标为月度指标，指标仅代表计算时刻的当月值，累计值为累计时间段内总次数/维修总次数）</td><td rowspan="2">故障检修占比</td><td rowspan="2">转动设备故障性维修次数/维修总次数×100%</td><td>转动设备故障性维修次数</td><td>自动采集数据</td><td>转动设备 M2 通知单数量</td><td rowspan="2">是</td><td rowspan="2">月度统计</td><td rowspan="2">指所有转动设备</td></tr>
<tr><td>维修总次数</td><td>自动采集数据</td><td>转动设备（M1 和 M2）通知单总数</td></tr>
</table>

续表

序号	指标名称	含义	公式	计量变量	数据类型	取数说明	是否分解至车间	统计频次	补充说明
4	千台离心泵密封消耗量年度流动值（催化、常减压、焦化）（该指标为年度指标，指标代表截止到计算时刻的近12个月的累计值）	密封消耗的统计	［年度出库机械密封套数+（检修期间更换机封数/检修间隔年数）］×1000/［机泵机械密封数量（含备用泵）］	年度出库机械密封套数	自动采集数据	每年有效状态工单中机械密封实际出库数量或通知单记录的实际更换数量	是	月度统计	单端面机封、双端面机封均算作一套
				检修期间更换机封数	人工录入				停工检修期间更换机封套数，仅记最近一次停工检修时消耗数
				检修间隔年数	常量数据				停工检修间隔年数。不全厂停工检修的工厂按装置大检修间隔年数计算
				机泵机械密封数量（含备用泵）	常量数据				指在役的机封套数
5	紧急抢修（故障维修工时率）工时率（该指标为月度指标，指标仅表示截止到计算时刻的当月值，累计值为累计时间段内的总加班工时/总工时）	四类及以上故障强度的紧急或者重要检修工作时间占比	（加班抢修工时/维修总工时）×100%	加班抢修工时	人工录入	工作8h之外的工时	是	月度统计	以本工厂工作时间为准。一般取数按照17：00之后，8：00之前算工作之外的时间
				维修总工时	自动采集数据	动设备通知单（M2+M1）中“（故障结束日期-故障开始日期）×24”+“故障结束时间-故障开始时间”			

续表

序号	指标名称	含义	公式	计量变量	数据类型	取数说明	是否分解至车间	统计频次	补充说明
6	机械密封平均寿命 （催化、常减压、焦化）（该值为历史累计值，指标表示截止到计算时刻的累积历史值，累计值等于历史值）	均值	S=[∑（泵投用时间×泵机械密封点数）/（泵投用期间使用密封数量）]/∑泵总台数	泵机械密封点数	常量数据		是	月度统计	新增
				泵投用期间使用机械密封数	自动采集数据	有效状态工单中机械密封实际出库数量或通知单记录的实际更换数量之和			
				当前时间	自动采集数据	系统当前时间			
				投用时间	自动采集数据	转动设备实际投用时间（原则按照2010年1月1日开始计算，若企业故障数据缺失较多，则原则上至少统计一个大修周期）			
				泵总台数	自动采集数据	设备台账中设备类别为机泵的设备总数			

续表

序号	指标名称	含义	公式	计量变量	数据类型	取数说明	是否分解至车间	统计频次	补充说明
7	机械密封平均寿命 （企业总计） （该值为历史累计值，指标表示截止到计算时刻的累积历史值，累计值等于历史值）	均值	S=[∑（泵投用时间×泵机械密封点数）/（泵投用期间使用密封数量）]/∑泵总台数	泵机械密封点数	常量数据		是	月度统计	双端面机封算一个密封点数
				泵投用期间使用机械密封数	自动采集数据	有效状态工单中机械密封实际出库数量或通知单记录的实际更换数量之和			优先按通知单实际更换数量取。取数的时间范围与“投用时间”一致
				当前时间	自动采集数据	系统当前时间			仅表示计算时刻的当前时间
				投用时间	自动采集数据	转动设备实际投用时间（原则按照2010年1月1日开始计算，若企业故障数据缺失较多，则原则上至少统计一个大修周期）			投用时间=当前时间－投用时间。由于0不能做分母，故在“投用期间使用数”为0时，该台设备机封寿命=投用时间。建议新泵投用时间不满两年的设备仅做计算，不纳入统计
				泵总台数	自动采集数据	设备台账中设备类别为机泵的设备总数			取机泵分类中配置机封的设备数。使用分类字段识别

续表

序号	指标名称	含义	公式	计量变量	数据类型	取数说明	是否分解至车间	统计频次	补充说明
8	轴承平均寿命(催化、常减压、焦化)(该值为历史累计值，指标表示截止到计算时刻的累积历史值，累计值等于历史值)	均值	$S=\{\Sigma$(泵投用时间×泵轴承数)/(泵投用期间使用轴承数量)$\}$/泵总台数	泵轴承数	常量数据		是	月度统计	新增
				泵投用期间使用轴承数量	自动采集数据	有效状态工单中轴承实际出库数量或通知单记录的实际更换数量之和			
				当前时间	自动采集数据	系统当前时间			
				投用时间	自动采集数据	转动设备实际投用时间(原则按照2010年1月1日开始计算，若企业故障数据缺失较多，则原则上至少统计一个大修周期)			
				泵总台数	自动采集数据	设备台账中设备类别为机泵的设备总数			

续表

序号	指标名称	含义	公式	计量变量	数据类型	取数说明	是否分解至车间	统计频次	补充说明
9	轴承平均寿命 （企业总计）（该值为历史累计值，指标表示截止到计算时刻的累积历史值，累计值等于历史值）	均值	S=[∑（泵投用时间×泵轴承数）/（泵投用期间使用轴承数量）]/泵总台数	泵轴承数	常量数据		是	月度统计	仅指滚动轴承
				泵投用期间使用轴承数量	自动采集数据	有效状态工单中轴承实际出库数量或通知单记录的实际更换数量之和			优先按通知单实际更换数量取。取数的时间范围与“投用时间”一致
				当前时间	自动采集数据	系统当前时间			仅表示计算时刻的当前时间
				投用时间	自动采集数据	转动设备实际投用时间（原则按照2010年1月1日开始计算，若企业故障数据缺失较多，则原则上至少统计一个大修周期）			投用时间=当前时间－投用时间。由于0不能做分母，故在“投用期间使用数”为0时，该台设备机封寿命=投用时间。建议新泵投用时间不满两年的设备仅做计算，不纳入统计
				泵总台数	自动采集数据	设备台账中设备类别为机泵的设备总数			取机泵分类中配置滚动轴承的设备数。使用分类字段识别

续表

序号	指标名称	含义	公式	计量变量	数据类型	取数说明	是否分解至车间	统计频次	补充说明
10	检修一次合格率(该指标为月度指标，指标仅代表截止计算时刻的当月值，累计值为累计时间段内不合格次数之和)	体现检修质量	(检修设备总次数-检修一次不合格次数)/检修设备总次数×100%	检修一次不合格次数	自动采集数据	所有“同一动设备维修通知单(M1、M2)创建日期间隔在7天内的数量之和减1”的总次数	是	月度统计	同一设备使用设备号识别，7天包括跨月
				检修设备总次数	自动采集数据	所有动设备进行维修(M1和M2)的通知单数量之和			所有设备包括总部定义的“机泵”和“大型机组”
11	机泵平均效率		(Σ考核机泵平均输出轴功率)/(Σ考核机泵平均输入功率)×100%	考核机泵平均输出轴功率	人工录入		是	月度统计	新增
				考核机泵平均输入功率	人工录入				
12	机组平均效率		(Σ考核机组平均输出轴功率)/(Σ考核机组平均输入功率)×100%	考核机组平均输出轴功率	人工录入		是	月度统计	新增
				考核机组平均输入功率	人工录入				

续表

序号	指标名称	含义	公式	计量变量	数据类型	取数说明	是否分解至车间	统计频次	补充说明
13	往复机组故障率（该指标为月度指标，指标仅代表计算时刻的当月值，累计值为累计时间段内总维修时间/计划总时间）	统计周期内机组由于故障，造成的停机时间占比	[（Σ往复机故障性维修时间）/（Σ往复机计划投用时间）]×100%	故障日期	自动采集数据	往复机组一类缺陷通知单（M2）中“故障结束日期-故障开始日期”	是	月度统计	由于已有“大型机组故障率”指标。这里的往复机组仅指除“大型机组”外的往复机组，建议使用分类字段识别，便于剔除大型机组
				故障时间	自动采集数据	往复机组一类缺陷通知单（M2）中“故障结束时间-故障开始时间”			
				Σ往复机计划投用时间	常量数据	往复机计划投用时间：一年一台（8760h）、一月一台（8760/12h）			

续表

序号	指标名称	含义	公式	计量变量	数据类型	取数说明	是否分解至车间	统计频次	补充说明
14	百台机泵年度重复检修台次(该指标为年度指标,指标代表截止到计算时刻的近12个月的累计值)	年度重复检修台次	(机泵重复检修台次/机泵设备总数)×100	机泵重复检修台次	自动采集数据	同一台机泵维修通知单(M1和M2)中创建日期向前推12个月之内通知单数量之和减1,然后再计算所有机泵此种情况之和	是	月度统计	机泵在以当前时刻往前推12个月内,只要发生了两次及两次以上的检修,均为重复检修。该台机泵的重复检修次数=检修数量之和-1。这里的机泵重复检修台次=所有发生重复检修的机泵的重复检修次数之和
				机泵设备总数	自动采集数据	设备台账中所有机泵数据之和			这里的机泵指总部制度中"大型机组"外的转动设备,建议剔除大型轴流风机、压缩机、汽轮机

续表

序号	指标名称	含义	公式	计量变量	数据类型	取数说明	是否分解至车间	统计频次	补充说明
15	机泵平均无故障间隔时间(该指标为年度指标，指标代表截止到计算时刻的近12个月的累计值)	最近12个月的MTBF	[(机泵总数×12)/机泵故障维修总次数]×100%	机泵总数	自动采集数据	设备台账中所有机泵数据之和	是	月度统计	这里的机泵指总部制度中“大型机组”外的转动设备，建议剔除大型轴流风机、压缩机、汽轮机
				机泵故障检修次数	自动采集数据	机泵设备的M2类通知单			预知性被剔除之后，MTBF进一步增大。由于分母不能为0，故无故障检修次数时，指标为无限大
16	维修工单有效完成时间T	实际作业时间	通知单结束时间-通知单开始时间			M1、M2通知单	是	月度统计	建议把机组和机泵分开
17	往复机维修工时达标率	往复机检修时间偏离程度	1-Σ实际检修时间/Σ几乎检修时间			往复机通知单的作业时长，M1、M2通知单	是	月度统计	>90%

表 4-28　KPI 计算统计表

指标名称	2019 年全厂目标值	联合一	联合二	联合三	联合四焦化	储运	水务	综合	气加	聚丙烯	联合二（热电）	公用工程（热电）	铁路
四类以上故障强度扣分	≤40 分/年	0	0	0	0	0	0	0	0	0	0	0	0
大机组故障率	<0. 45‰	0	0	0	0	0	0	0	0	0	0	0	0
故障维修率	<5. 5%	0. 00%	0. 00%	0. 00%	0. 00%	0. 00%	0. 00%	0. 00%	0. 00%	50. 00%	0. 00%	0. 00%	0. 00%
离心泵密封消耗量	<290 套/千台 · 年	310. 6	172. 7	216. 2	272. 3	38. 5	130. 8	356. 6	672. 7	282. 1	76. 9	225	125
紧急抢修工时率	<6. 5%	0	0	0	0	0	0	0	0	0	0	0	0
工单平均完成时间	<24h	36. 7	11. 6	18. 5	28. 2	8. 8	14. 7	14. 9	0	9	28. 3	0	0
机械密封平均寿命	≥21000h	31944	25258	37917	20718. 2	40155. 8	25827	21618. 5	14000	47421	36461	36436	91800
轴承平均寿命	≥30000h	56511	29853	38423	25759. 8	61927. 8	21855	28839. 5	20248	51376	36408	25769	100236
检修一次合格率	≥98%	100%	100%	100%	100%	100%	100%	100%	100%	100%	100%	100%	100%
往复机组故障率	<0. 1%	0	0	0	0	0	0	0	0	0	0	0	0
年度机泵重复检修台次	<8 台次/百台 · 年	6. 5	7. 1	8. 8	7	3. 7	5. 4	6. 7	36. 8	23. 8	4. 4	20	3. 6
转动设备 MTBF	>76 月	195. 2	260. 8	125. 8	250. 4	95. 3	154. 2	100. 8	81. 4	63. 8	84	49. 1	244

注：2019 年度目标值已分解至装置级，目标值见详细分析，本年度仅做参照。

第五章

体系持续改进

综合运用管理咨询、培训、专项检查、内部审查的方法，持续提升体系运行水平和管理有效性。采取第三方团队独立评审，评审组通过查阅资料和台账、与企业管理人员和维保单位座谈、现场检查等形式，查出体系要素不符合项，出具偏差分析报告，按时间节点完成整改，完成体系建设验收。

管理体系的持续改进至少包括以下内容：

- 提供持续的培训；
- 维护和改进现有设备管理程序，以及制定必要的新程序；
- 优化 ITPM 任务；
- 保持 QA 活动；
- 管理方案变更。

持续开展充分的培训对管理体系的持续改进是非常重要的。持续的培训工作包括进修培训和培训新的主题。要制定周密的培训计划，评审高风险或执行不频繁的工作任务和程序，培训常常不能正确执行的程序。持续的培训还应该包括对新员工和再分配/升职员工的培训需求。对现有劳动力的新培训内容重点在于知识更新，比如新工艺流程相关的技术，或新维修/检验技术。如果没有进行持续的程序开发/改进工作，管理体系将会很快失去初始开发所带来价值。同时，企业需要进行定期审查，以确保它们保持现状和准确性，确保员工有效执行程序，新程序将需要像所有管理程序一样得到确认，并实施。

企业应充分利用企业内部审查、总部组织的设备大检查、设备完整性管理体系评审等活动，对综合管理、动、静、电、仪等专业开展量化评审，掌控体系运行偏差情况。企业应定期邀请第三方机构进行管理体系有效性审查。

第一节　体系评审

一、定义

体系评审是为了确认企业设备完整性管理体系各要素的实施情况是否遵循完整性体

系实施步骤，是否按照计划有效地进行管理活动，是否达到了既定的绩效目标，是否符合PDCA管理循环要求而进行的检查和评价活动。有内部评审和外部评审两种形式。

二、术语

1. 评审细则

以体系一级要素为框架，制定体系各要素审核内容、检查内容、抽查样本数，明确并统一检查方法、检查单位、评定标准、标准分数等，编制体系审核评估细则表。

2. 评审培训

组织参评工作组人员进行评审细则的集中培训，结合评审细则统一标准、统一方法，建立一支合格的审核队伍，有效保障审核质量。

3. 现场评审

对照评审细则，组织评审人员通过资料查阅、现场抽查及人员访谈等形式，实地深入企业一线开展评审打分和现状检查。

4. 评审结论

通过现场评审打分，发现偏差并对偏差进行分析，制定偏差分析表，应用数理统计和风险评价的方法，全面分析被检企业设备完整性管理体系实际运行情况与体系建设要求之间的差距，对评审中发现的不符合项进行纠正，提出改进意见，使设备完整性管理体系得到持续改进。

三、目的(范围)

以设备完整性管理体系关键要素细化分解为切入点，结合企业特点制定评审细则，组织企业内外人员进行评审员培训和现场评审，使相关管理部门和各单位审核员学习体系审核知识，掌握审核技巧，深入理解体系建设需求。提升管理人员体系理论与实践的有效结合，发现体系建设中存在的问题并及时纠偏，使设备完整性管理体系得到持续改进。

四、标准(工作程序)

1. 确定审核目的和范围

体系评审方需确定评审范围及内容，被评审企业应是已经试点并开展设备完整性管理体系的企业。评审内容应包含但不仅限于以下几个方面：

(1) 被评审企业是否按炼化企业设备完整性管理体系要求建立了健全的设备完整性管理体系；

(2) 被评审企业建设的设备完整性管理体系是否充分有效，即覆盖和控制被检企业全部设备管理活动；

(3) 设备方针、目标和计划的实现程度；

(4) 适用法律法规、标准的合规性；

(5) 设备预防性工作策略和定时性工作计划执行情况；

(6) 设备风险评估结果，整改措施跟踪情况；

(7) 设备管理绩效指标及趋势；

(8) 事件、故障、不符合调查结果，纠正和预防措施的执行情况；

(9) 以前管理评审的后续措施；

(10) 改进建议。

2. 编制体系审核方案

编制体系审核方案，方案中需明确审核的原则、方法及步骤。

(1) 审核原则

全面性原则：全面检查体系的运行情况，审核范围覆盖体系运行的各个部门，审核检查内容包括炼化企业设备完整性管理体系中所有要素。

符合性原则：体系的管理内容是否与被检企业设备管理业务相符合。

有效性原则：体系是否按照炼化企业设备完整性管理体系文件的规定在运行，并达到所设定的设备管理方针和目标的程度。

适宜性原则：体系与被检企业设备管理实际情况是否相适宜，能够实现规定的设备管理方针与目标。

充分性原则：体系对被检企业全部设备管理活动覆盖和控制的程度，即体系的完善程度。

(2) 审核工具

根据集团公司级规定(如《中国石化炼化企业设备完整性管理体系 要求》)、企业设备管理程序文件和设备管理操作手册，遵循体系审核，体现设备管理特色，兼顾设备检查的要求，编制体系审核表。

(3) 审核方法

文件查阅、现场调查及人员访谈等，具体形式包括但不局限于：

- 与公司管理层、现场管理人员和操作人员进行面谈；
- 与承包商作业人员进行面谈；
- 查看设备管理文件、相关文档记录、电子文档和凭证等；
- 查看相关技术图纸和资料；
- 到作业现场查看相关设施、设备；
- 到作业现场观察正在进行的作业活动；
- 对相关的设备设施进行测试等。

(4) 成立评审工作组

审核需要合格、称职的审核员，建立一支合格的审核队伍能够有效保障审核质量。

① 工作组组成

领导小组　被检企业设备管理代表。

协调人员　被检企业派遣负责人、乙方项目负责人。

评审组　组长：被检企业代表指定审核组长；组员：检查组专家。

② 工作组分工

评审组长：全面负责评估工作，主持人员访谈、资料查阅及现场检查，组织完成评价表，总结设备管理优良做法，指出设备管理不足并提出建议；全面组织编写评估报告，并审核确定。

评审组组员：协助组长全面开展各项工作，负责记录、资料收集、问题统计、汇总分析及报告编写。

协调人员：全面协助现场评价工作，发挥熟悉本公司设备管理的作用，切实提供影响企业设备管理的问题，使得评估工作真实反映企业设备管理问题及风险所在。

③ 工作组培训及研讨

培训内容：设备完整性管理体系审核方案、体系审核表的使用。

培训对象：评审组组员。

培训方式：集中培训。

培训时间：1~2天。

3. 开展企业现场调研

评审工作组应到被检企业调研组织架构、设备管理情况，提前收集检查资料。检查资料应包含内容见表5-1。

表5-1　检查资料表

序号	所属要素	资料明细
1	领导作用	《设备管理架构图》《设备目标方针展开图》《设备管理岗位责任说明书》《设备管理团队职责说明》
2	策划	《设备管理制度》《标准清单》《设备管理目标》《年度工作计划》
3	支持	《年度计划费用及分解》《修理费使用明细》《设备更新项目执行记录》《工艺变更审批记录》《设备培训计划及记录》《设备台账及技术档案》
4	运行	《设备分级制度及分级台账》《风险管理制度》《项目设计审查文件》《设备采购技术协议》《检维修施工方案》《设备缺陷台账》《年度预防性工作策略》《缺陷管理制度》《定时性工作计划》
5	绩效评价	《企业绩效指标及取数方式》《非计划停工报告》
6	改进	《根原因分析报告》《设备管理工作年度总结及规划》

4. 确定评审细则

(1) 编制体系审核表

根据企业实际情况，编制体系审核表，制定体系各要素审核内容、检查内容，抽查数量，检查方法、检查单位、评定标准、标准分数等。

(2) 审定体系审核表

体系审核表编制完成后，需组织专家团队审核内容。

5. 评审培训

(1) 培训内容

① 设备完整性体系规范与实施指南。

② 企业基于风险的管理理论。

③ 审核方法：项目组协助企业审核员共同进行企业全面完整性管理体系审核，根据审核问题修订、完善管理体系文件。

④ 管理评审：指导企业收集设备绩效指标，进行趋势分析，并指导管理评审。

(2) 审核员培训

使设备管理部门和各单位审核员掌握体系审核知识，通过参加现场审核，具体指导审核小组和各单位审核员开展内部审核和管理评审，掌握审核技巧。帮助审核员取得资格证书，使设备完整性管理体系得到持续改进。进行集中培训和训练，时间约为 3 天。

6. 评审实施

(1) 企业自查

现场评审之前，需被检查企业按照体系审核表开展自查工作，自查分数应汇总并报检查组审核。自查问题应落实整改并反馈整改结果。各企业按照自查结果量化排名。

(2) 现场评审

① 评审内容

工作小组通过资料查阅、现场抽查及人员访谈等形式，开展企业现场评审，完成体系审核表，明确企业设备完整性管理体系与设备完整性管理体系要求的差距，了解企业完整性管理要素运行状况，评估方法包括体系文件等资料查阅、现场检查及人员访谈等，评审内容可能涉及体系文件、信息平台、风险技术应用、组织机构运行等。

② 评审工作的方式与步骤

a. 领导碰头会议，指示工作开展；

b. 现场评价；

c. 评估小组会议，总结当天工作，填写评审表及整理发现问题；安排第二天工作，查缺补漏；提出需要协调事项；

d. 评估工作会议，各专业汇报工作进展情况、存在问题及协调事项；讨论并确定当天发现的设备管理问题，安排第二天工作。

③ 评审需要的资料

被检企业根据前期资料清单提供相关材料。

在已有资料的基础上，各评价组在现场评价工作的前一天，提出第二天评估工作需要的材料及配合人员。

注：评价组建立资料公用平台(公用邮箱)，资料收集汇总并上传至公用平台，供大家使用。

④ 评估结果的归纳总结

现场评价工作完成后，各评估组全面梳理评价工作，总结企业好的做法，归纳存在的问题，提出相关建议，形成初步结论。

在各评价组全面总结的基础上，召开评估工作整体会议，形成被检企业设备完整性管理体系审核情况汇报材料，并向企业反馈。

(3) 评审结论

① 编写评审报告

审核组长应参照规定的内容和格式编写审核报告，报告应经管理者代表审定后通过体系管理部门下达给受审部门。

依据偏差分析表，应用数理统计和风险评价的方法，全面分析被检企业设备完整性管理体系与设备完整性管理体系要求的差距，了解企业完整性管理要素运行状况，对审核中发现的不符合进行纠正，并制定预防措施，使设备完整性管理体系得到持续改进。

根据审核小组成员的审核记录和报告，汇总编写一份全面的审核报告并分析体系运行的有效性和符合性。同时应与上次内审的情况做比较，评价其进步情况，以判断体系是否符合持续改进的精神。

② 评审报告的结构

- 评审工作概况；
- 评审工作安排；
- 整体得分情况(一级、二级要素得分率)；
- 各要素得分情况及问题汇总；
- 突出表现及亮点；
- 需改进方面及建议。

(4) 评审讲评

评审小组应按照评审报告向受检企业讲解评审工作发现的问题，提出改进建议。

(5) 纠正措施跟踪

体系管理部门应组织审核人员对受审核及纠正计划和措施的落实情况进行跟踪验证。应对各部门纠正措施的情况加以汇总分析，并将结果上报给最高领导层，作为管理评审的依据之一。

7. 进度安排(表 5-2)

表 5-2 评审安排表

序号	审核步骤	时间安排建议/d
1	编制体系审核方案	7
2	审定体系审核方案	3
3	开展企业现场调研	5
4	编制体系审核表	15
5	审核方法培训	1
6	现场体系评审	3
7	审核结果分析及总结会议	1
8	编制评审报告	15
9	评审报告审查	1

五、流程(图 5-1)

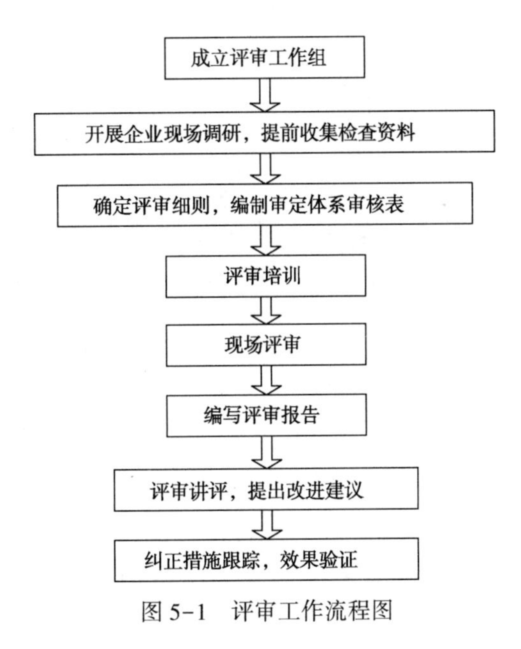

图 5-1 评审工作流程图

六、案例

以某石油化工集团公司组织的对下属分公司开展的体系评审工作为例进行案例展示。首先由集团公司牵头组织相关企业及相关技术支持单位组建评审工作组，开展评审培训、明确评审细则、制定评审流程，统一标准、统一要求开展现场评审工作，并出具评审报告。

评审报告范本如下：

1. 评审概述

为科学评价设备完整性管理体系运行情况，进一步完善体系评审方法，某集团相关部门公司组织对所属某企业对其炼化设备完整性管理体系开展内审，相关技术支持单位也派人参加。专家组通过查阅资料和台账、与企业管理人员和维保单位座谈、现场检查等形式，共检查出问题 102 项，提出建议 25 项。综合专业得分 194.5 分，动设备得分 237.6 分，静设备得分 212.3 分，电气得分 200.6 分，仪表专业得分 240.5 分。

2. 企业简介

该公司拥有 2000×10^4t/a 原油综合加工能力、60×10^4t/a 尿素、100×10^4t/a 芳烃、20×10^4t/a 聚丙烯生产能力，4500×10^4t/a 吞吐能力的深水海运码头，以及超过 $300\times10^4m^3$ 的储存能力。

3. 评审安排(表 5-3)

表 5-3　评审安排

时间	检查人员	检查对象	地点
2020 年 1 月××日	×××、×××、×××、×××	机动处	会议室
2020 年 1 月××日	×××、×××、×××、×××	运行部	运行部办公室、装置现场
2020 年 1 月××日	×××、×××、×××、×××	运行部	运行部办公室、装置现场

4. 得分详图

(1) 一级要素得分率偏低的要素为“绩效评价”，见图 5-2、图 5-3。

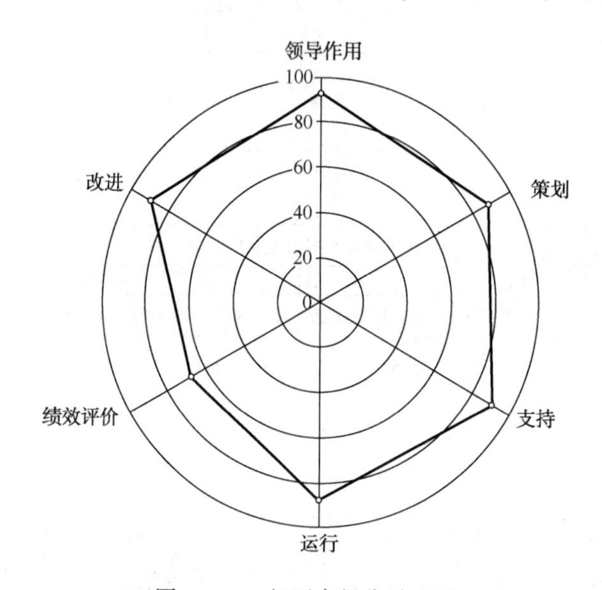

图 5-2　一级要素得分雷达图

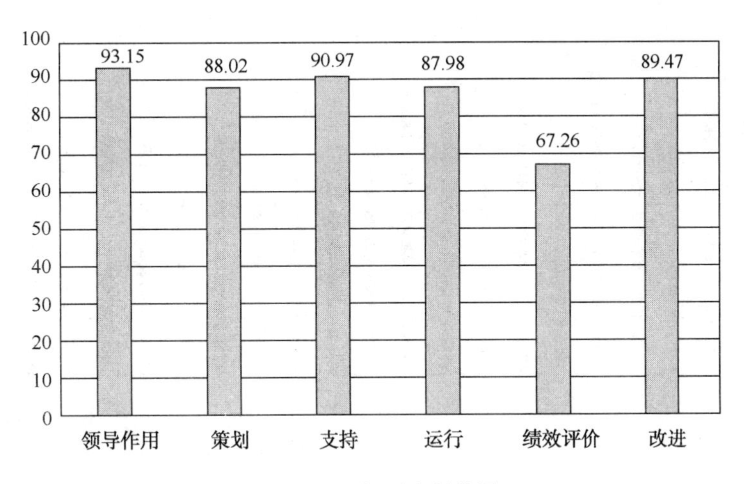

图 5-3 一级要素得分图

(2) 二级要素得分率偏低的要素为“设备分级管理”“监视、测量、分析和评价”，见图 5-4、图 5-5。

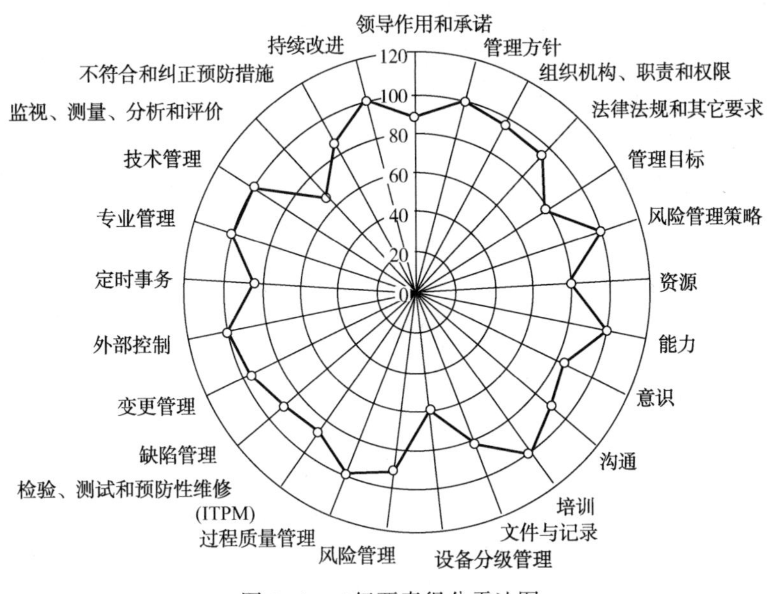

图 5-4 二级要素得分雷达图

5. 评审亮点

(1) 综合管理

① 现场设备本质安全管理水平较高。

一是深入开展 TPM 活动。从 2015 年开始统筹规划、科学实施 TPM，每三年制订一次 TPM 活动计划，通过全员参与的样板活动，排查易腐蚀部位、消除薄弱点等措施，促进 TPM 活动的常态化。装置现场管理和设备本质安全得到有效提升。

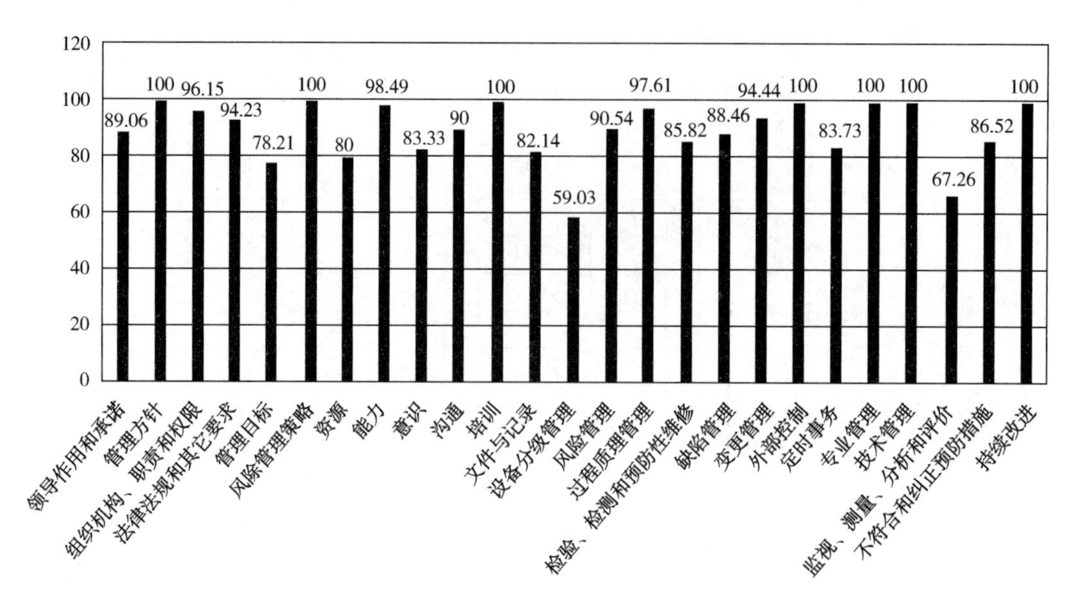

图 5-5　二级要素得分图

二是全生命质量管理贯穿设备全生命周期。依托专业团队技术力量，形成了“设备前期有设计采购导则、设备运行有操作法、设备检修维护有规程及指导书、设备可靠性评价有标准”的设备全生命质量管理标准、要求，并严格执行。

三是承包商作用发挥到位。开展选商推荐、准入评审、发包管理、合同管理、分包管理、日常管控、综合考评和退出机制等 8 个环节标准化工作，并严格管控；把承包商装置保运水平与设备 KPI 指标完成情况挂钩。建立承包商自主管理机制，开展区域竞赛和专业检修免检活动，强化承包商服务意识，提升自主管理水平。建立承包商日常监管机制，将承包商自查、运行部检查、专业抽查三方形成合力进行检查考核。

② 实施风险管控联动闭环机制，有效管控专业风险。

一是通过 EM 系统优化提升，实现缺陷、计划、风险管控、作业许可联动闭环机制。装置(设施)正常运行期间的所有施工作业必须经风险评估，经作业风险管控系统批准后，才能在 EM 系统办理《检修施工安全许可票》，确保现场所有作业受控。

二是实施周作业、日作业管控机制，形成作业预申报、风险预分析、措施预安排的作业风险管控模式。集合各专业力量，分析总结缺陷，使用风险矩阵，对第二天的检修作业进行 JSA 分析，全方位评价、识别和管控日常作业风险。

③ 积极推进新技术应用。

水冷器单台离线预膜，有效减缓腐蚀发生，提高了水冷器的使用寿命。裂解装置 3 #裂解炉烧焦空气应用“快速盲板”技术，提升了工作效率，保障了作业安全。乙烯裂解炉引风机双变频无扰动切换技术解决了乙烯裂解炉引风机因单台变频器故障而造成电机停运，进而引起裂解炉生产波动的难题。

④ 设备专业人才培养有创新

创新设备专业培训形式和内容，编制面向操作人员的《设备知识培训教材》和《设备知识培训题库》，开展了“为基层送课”，建立“点菜”式上门培训服务。同步配有3D数字化教材和章节测试，运用图文结合的方式对各类设备进行详细讲解和展示，职工自助进行网上学习。

（2）静设备

① 以“设备本质安全”为中心，以装置大修和设备完整性管理实践为主线，充分发挥设备专业化一级管理优势，夯实设备基础，强化设备缺陷闭环管理。

一是工艺防腐指标超标管理实现PDCA管理，在腐蚀月报中对超标数据进行分析、部门联动组织专题会议制定对策、并举一反三从源头解决问题、对调整结果进行闭环验证。

二是储罐实行设备承包、管理过程实现闭环，结合月检、季检及现场管理过程中，仔细检查，发现设备缺陷及时闭环处理、对暂不能处理的设备汇总并编入检修计划，机动处每月进行设备专业规范化检查、监督并落实检修计划的闭环管理。

三是年初对各装置冷换设备情况进行梳理，对可靠性差的设备提前储备备件，管束到货后有计划地安排更换，减少了冷换设备抢修情况的发生，换热器故障抢修率逐年下降。持续开展换热器TOP10攻关，每季度组织工艺、防腐、水务等专业召开专题攻关会，收集冷换设备运行中存在的问题，制定攻关策略，逐步消除“三高”设备，提升冷换设备可靠性。

② 系统性开展保温层下腐蚀整治。根据装置投用时间，分年度、分批次制定保温层下腐蚀整改计划。首先在溶脱装置开展试点，经过总结后制定公司范围内的装置保温层下腐蚀整治策略，计划结合大修，分8年时间完成整治工作。根据保温层下腐蚀特点，明确整治范围，分为七大类。截至12月底，总计完成检测点9751点，发现各类腐蚀严重及危险点642点，平均问题检出率为6.6%。主要集中在直管、弯头、三通及大小头、短接与伴热管线、管托/支撑与阀门/法兰。后续将结合装置2020年大修计划进行整改闭环，并同时对装置防腐保温进行专项整治。

③ 筹建特种设备信息交换系统，实现和地方市场监管部门的信息交互。以EM系统中设备信息为唯一设备数据源，和当地市质监系统关联，实现使用登记注册、变更、注销功能闭环管理；同步和检验单位的报告系统进行关联，自动读取检验结论信息回写到EM系统中，实现检验结论信息的自动闭环；并在特种设备信息交换系统上扩展检验管理功能，把检验信息统计、缺陷处理、检验信息闭环等工作实现线上管理。目前已经实现了压力容器、工业管道等的线上使用登记管理和部分检验实施管理功能。

（3）动设备

① 机泵检修全过程质量控制得到有效落实。通过EM系统平台，对于机泵的检修前备件质量确认、检修过程参数控制、试车验收及检修质量评价均在EM进行留档、记录和评价。

② 应用无线机泵群状态监测，并将监测值引入 DCS 系统，增强监控的实效性。

③ 现场施工作业票关联 EM 系统通知单，促进 EM 系统通知单数据完善的及时性、准确性。

(4) 电气

电气的值班方式将从原先的分区域分班组值班逐步向集中值班方式转变。通过电气中心值班室集控信息完善项目的实施，建立了电气监控集控中心系统和遥视集控中心系统，使电气部管辖范围的电力系统数据信号和视频信号实时地传输到电气部集控中心室，从而大幅提高了值班人员的工作效率，精简了值班员人员配置，从而为电气部进一步提高人力资源的使用率提供坚实的技术基础。

(5) 仪控

炼油化工仪控专业团队组织架构完善，团队侧重“专业管理”，专业技术人才储备充足，专业技术能力强。拥有“公司级专家”称号 2 人，专业团队业务范围包含公司仪控专业所有设备的技术管理，主要工作是制定专业工作策略、大检修策略，技术谈判及技术文件的制定等。

仪表和计量中心实行故障“5W 分析”，深入分析设备自身存在缺陷，制定详细的处理及防范措施，措施落实高效，实施过程记录详细，定期跟踪到位。

建立仪表和计量中心“调度中心”，设置专人值班。控制台采集全厂控制系统，报警器故障报警信号，发现异常故障报警及时，报警信息按重要程度“短信”通知到相应管理人员。

6. 评审问题

(1) 设备完整性团队建设有待完善。一是未按照上级部门制定的《设备可靠性团队设置指导性意见》设置专职的可靠性工程师团队，不利于设备完整性管理体系的建设推进；二是《设备完整性管理体系手册》未明确专家团队的定位和职责，不能有效规范设备专家团队工作，充分发挥其在故障分析、技术攻关等方面的技术优势。2019 年未发布专家团队职责和成员名单；2018 年度仪表控制专家团队有 5 次活动，但活动记录未体现仪表控制团队在生产波动、非计划停工、故障分析中应承担的作用。三是未设置设备副总工程师(或首席专家)。

(2) 设备分级工作有待推进。一是未完全按照《企业设备分级程序》中的分级要素和权重进行分级，且分级结果仅为 A 级和 C 级，而不是上级部门规定的 A、B、C 三级，将影响缺陷、预防性维修等要素执行效果。二是静设备专业的安全阀、管道没有量化评分过程，直接明确等级；动设备专业按照上级部门下发的机泵与风机的评分模板对所用转动设备进行评级，未将设备类别划分为 5 类，仅在要素列中增加“加权分”项区分出大机组；仪控专业国控环保仪表、仪表控制系统未明确分级情况；三是静设备专业预防性维修策略中未结合设备分级。

(3) 定时性工作实施深度不够。虽然制定了定时性事务工作清单，但未对完成情况进行统计、定期分析，无考核；定时性事务执行不到位，经查发现两个二级部门存在无压力容器月度检查记录情况，不符合特种设备安全技术规范；电动机切换工作执行不到位，查乙烯裂解泵GA101A/B/CA电机定期开机未提供电气清单。

(4) 预防性维修亟待开展。对上级部门印发的预防性工作策略还处于学习和调整的阶段，未对各运行部提出要求。

一是未按体系要求发布年度预防性维修策略和计划，不利于生产技术、安全等部门及时掌握设备专业的年度重点工作。

二是对预防性维修策略理解不深，存在"选择性执行"的问题，主要集中在需要工艺、调度等其他专业配合开展的预防性维修策略上，这也将导致周维修计划出现偏差；查电机接线盒预防性工作，由于生产管理部门阻力较大未有效执行，炼油循环、加氢裂化装置、加氢装置电动机接线盒预防性开盖检查工作均在2020年大检修期间实施；仪控专业未按照要求执行辅操台灯屏及音响试验、联锁回路定期校验。

三是查动设备预防性维修策略只根据上级部门要求编写了《往复式压缩机预防性维修策略》，其他类型的设备只能提供检维修工作手册进行代替；《仪表预防性维护维修规程》、电气三定工作策略与上级部门印发的预防性工作策略要求不一致，更多侧重于装置检修期间的预防性工作。

四是查催化装置仪控非计划停工整改措施在"异常事件管理"系统进行线上封闭。但整改措施不到位。加氢循环氢压缩机入口分液罐液位仪表故障管理原因分析不深入，实际就是装置运行期间仪表预防性工作不到位，未定期校验。

(5) KPI指标需进一步管控。一是目前企业统计的KPI指标未全面覆盖总部KPI指标，综合、动、静、电、仪KPI覆盖率分别为100%、29%、50%、100%、60%；二是现行计算出的KPI数值有偏差。主要是当前KPI计算主要依托于线下数据，而线下数据收集不全，且未对现行KPI计算公式中基础参数的取数路径进行一一明确，综合、动静电仪KPI自动采集率仅为0%、29%、6%、14%、20%；三是基层设备管理、电仪人员对KPI的认识仍停留在为考核而计算KPI的理念上，年度总结和专业月报上有KPI统计，但无原因分析和整改措施，未能充分利用KPI来穿透、引领各专业管理。

(6) 缺陷管理需要加强。设备缺陷通知单使用不规范，主要表现在通知单类型选择错误，专业类别、专业类型、缺陷等级等设备完整性增强数据未维护，通知单未及时闭环，影响KPI采集准确性。

(7) EM系统应用亟待提升。一是主数据有待完善，其中电气主数据欠缺较多，未按照EM主数据分类要求进行完善；二是电仪专业未要求进行M2通知单录入工作；三是EM过程数据维护不到位，管理重实体闭环、轻资料管理。

(8) 加强设备专业管理。一是特种设备延期检验流程中，压力容器、锅炉、压力管道的延期检验报告未经公司安全管理负责人审批，与法律法规要求不符；二是钢制法兰完整性文件，机动转发此文件至相关部门，但未提出专项排查要求；三是修理费用结算核销滞后。上年度年31项检维修项目未完成，涉及计划金额占年度费用13%。

(9) 电仪专业管理水平有待提高。一是投资发展部门未牵头组织或参加电力系统主网结构评估。二是公用工程部电气第一、第二种工作票的填写，未完全执行《电气设备及运行管理规定》中电气“三票”填写要求。

(10) 自控率、联锁保护系统投用率监控手段还需加强。

现有自控率监控平台只能采集自控回路投用瞬时状态，对投用时间没有计算，过程监控手段不具备。没有建立联锁保护系统投用状态监控，对联锁保护系统投用的管理缺乏监测手段。

(11) 仪控专业预防性工作策略还需提高。

实行预防性工作策略未包含上级部门要求的全部内容，联锁保护系统定期校验，仪表定期比对等工作没有开展。

(12) 仪控机柜间设备完好程度仍需加强。

部分机柜间存在不完好，联合控制室机柜间防静电地板损坏，机柜门防护配置不足，不符合仪控机柜间管理要求，管理仍需加强。

7. 企业评审和改进

对于体系内审出来的问题，要求企业举一反三，组织专项排查，切实推进设备完整性体系建设。

第二节　持续改进

一、目的(范围)

持续改进设备管理体系标准、过程管理水平和管理质量，是企业体系一体化发展的客观要求，同时也是设备管理体系的客观需要。在设备完整性管理体系下的持续改进，应遵循设备完整性管理思路和要求，运用审核评审、根原因分析等支持性工具方法，科学客观全面地开展持续改进，达到不断完善设备管理体系的目的。

二、定义

持续改进是企业连续改进设备完整性管理体系以达到相应管理目标的循环活动。制定改进目标和寻求改进机会的过程是一个持续过程，该过程使用审核发现和审核结论、数据分析、管理评审或其他方法，其结果通常导致纠正措施或预防措施。企业应全员参与、积极主动开展持续改进，以确保改进过程的有效实施。

三、术语

1. 审核

审核是实现设备管理体系持续改进的基础工具之一。对设备管理体系中的工作策略、标准、计划和结果的良好审核，可以有效保证持续改进工作的开展。

2. 管理评审

为确定管理体系事项达到规定的管理体系目标的适宜性、充分性和有效性所进行的活动。

3. 纠正措施

为消除已发现的不合格或其他不期望情况的原因所采取的措施。

4. 预防措施

为消除潜在不合格或其他潜在不期望情况的原因所采取的措施。

5. 根原因分析

确定引起偏差、缺陷或风险的根本原因的一种分析技术。

6. FMEA 分析

FMEA 可以对各种风险进行评价、分析，便于我们依靠现有的技术将这些风险减小到可以接受的水平或者直接消除这些风险。

7. 不符合项

在体系评审或日常生产活动中，发生的与体系管理要求有偏差的项目。

8. 改进绩效

通过对完成度、完成效果等指标，评价持续改进的工作成效。

四、标准

1. 建立持续改进机制

(1) 组建评审、审核团队

企业设备主管部门组建持续改进专家团队，包括设备、工艺、安全、环保、法务、设计、物资采购、状态监测、腐蚀监测、工程、操作、检维修等多专业人员。

也可根据实际需求，按专业组建区域团队，主要对专业问题进行持续改进。

(2) 建立评审、审核机制

企业设备主管部门根据需求开展体系评审，根据不符合项制定改进措施，组织开展持续改进工作。一般各专业应进行半年和年度总结，开展各专业持续改进活动，以提高管理体系符合度。

企业设备主管部门组织专业团队制定体系评审绩效体系，例如改进的进度、效果等，通过绩效指标监督推进持续改进活动。

持续改进活动也可根据生产活动中发现的问题、设备重大故障等，经过评审小组专家审定，开展持续改进。

2. 制定计划与监督实施

（1）工作策略

依据评审的不符合项，制定改进措施，企业设备主管部门组织专业团队制定持续改进计划，经设备主管部门审批后由企业设备主管部门发布，通过监督实施和后评估等实现闭环管理，不断促进完整性体系建设。

（2）识别不符合项

不符合项的问题识别宜使用“根原因分析、FMEA”等分析方法，制定整改策略，策略中至少应确定责任人、完成时间和整改措施。

（3）制定改进效果评定标准

针对评审的不合符项和改进措施，企业设备主管部门应组织专家组制定改进效果评价标准，以确认是否达到预期效果。

（4）监督执行

各专业专家组应按照持续改进的效果评价标准，对本专业改进工作进行总结。

企业设备主管部门应对各专家组改进计划总结进行审定，对未完成项，组织分析原因制定更严厉的措施。

3. 后评估

（1）持续改进效果评定，各专家组应向评审小组负责人定期汇报持续改进结果。

（2）企业设备主管部门应组织专家团队对年度持续改进的情况进行梳理、评价和总结。主要评价改进工作触发机制是否合理，各专业完成进度等绩效水平，改进措施是否得到有效落实，还有哪些可以进行优化。形成总结报告，由主管设备副经理审批。

五、流程(图 5-6)

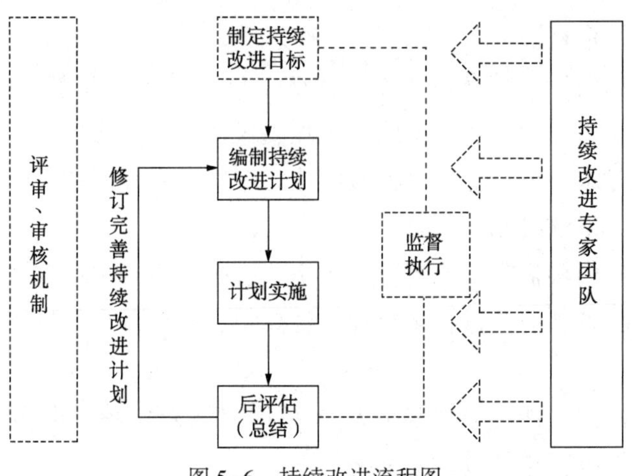

图 5-6　持续改进流程图

六、案例

某石化企业机组后径向轴振动由 A 和 B 组成二取二联锁表决模式。A 振动高报警，联锁停机。仪表专业检查发现事故原因为：①A 探头或前置放大器性能下降，出现偶尔失效，产生尖峰脉冲，机组振动误报；②3500 软件设置错误。A/B 报警设定(ALERT/ALARM1)的 ENABLE 没有勾选，导致二选二联锁功能失效，造成出现振动二选一联锁停机。

1. 问题识别

开展根原因分析，查找本次事故发生的根本原因：①联锁校验及交接过程管理不到位，维护人员进行联锁试验未对各种联锁条件进行测试，试验过程及数据不完整，联锁试验交接质量把控不严；②未开展 3500 系统培训，技术维护人员对 3500 系统各项设置要求及后果认识不足，作业过程未及时发现问题。该案例识别出该企业在联锁过程管理和培训管理的不合规项。

2. 制定目标

(1) 加强仪表联锁管理；

(2) 强化专业培训；

(3) 举一反三查找仪表联锁管理漏项及加强专业性培训。

3. 编制计划(表 5-4)

表 5-4 措施计划表

序号	计划名称	主管部门	责任人	完成时间	备注
1	完善联锁试验标准作业法，完善联锁试验交接记录表	设备技术支持中心	张三	2020 年 3 月 9 日	
2	组织开展 3500 系统培训	设备工程部	李四	2020 年 3 月 9 日	
…	…	…	…	…	

4. 实施

设备技术支持中心负责人张三，按时间节点，组织编制完善联锁试验标准作业法，完善联锁试验交接记录表。设备工程部组织仪表专业技术人员参加 3500 系统培训，加强控制系统的操作可靠性。

5. 评估结果

仪表专家团队对本次事故的根原因分析及后续持续改进过程进行审核及后评估，最终达到管理目标要求。

第六章

设备完整性管理信息平台

设备完整性管理信息平台是设备完整性管理体系的载体。建设中要兼容企业已有的信息系统，如EM系统、腐蚀检测系统、机组状态监测系统、检修改造信息管理平台等。在此基础上，根据设备完整性管理体系要求，进一步完善系统功能、增加管理模块等方式，搭建设备完整性健康管理信息平台。设备完整性管理信息平台建设可以采取整体规划、分步建设的策略，其总体功能应该至少包括以下几个方面：

1. 梳理企业设备完整性管理流程，实现业务全覆盖

在现有设备管理系统（EM系统、腐蚀检测系统、机组状态监测系统、检修改造信息管理平台等）的基础上，动员动、静、电、仪等各设备管理人员，梳理企业设备完整性管理流程，实现设备全生命周期信息化管理，适应设备管理的复杂性和多变性，实现“体系之外无管理，流程之外无业务”。以标准化的设备完整性管理体系构建信息化平台，总体框架见图6-1。

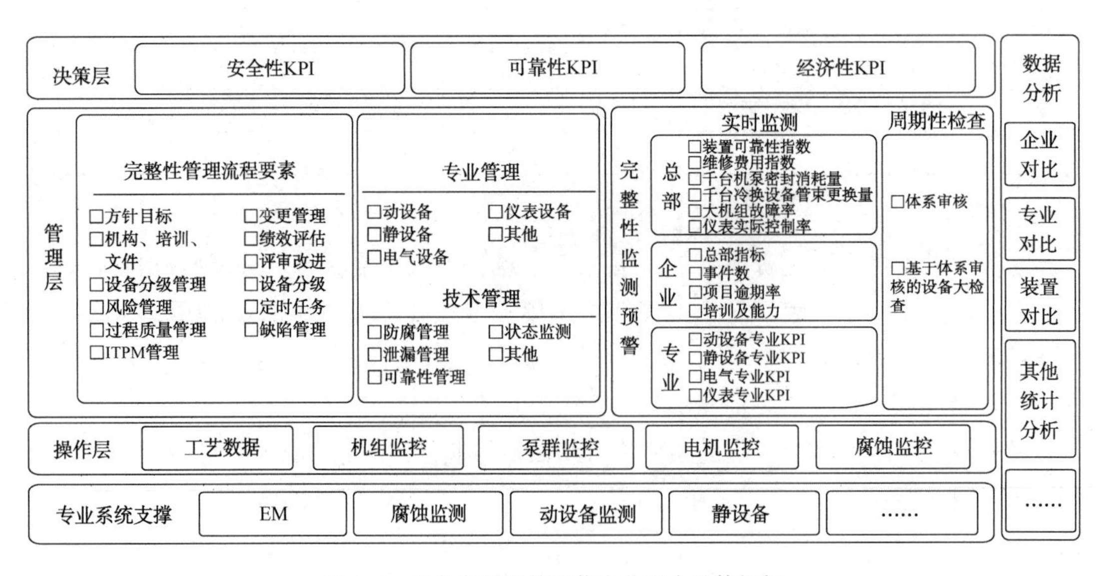

图6-1 设备完整性管理信息化平台总体框架

2. 建立大数据库

建立共享、通用、一致和广泛的数据基础平台，探索实现公司内及企业间的数据集成和交换，为开展 RBI、RCM 等技术分析、可靠性决策提供数据源。不断完善 EM 各项功能的深化应用标准，增加干气密封、润滑油站等 EM 分类台账数据，实现备件消耗、检修记录、补库提醒关联，做好主数据准确性专项整改，加强检查、考核及培训，为设备完整性管理提供技术支撑。

3. 建立炼化企业设备完整性管理绩效指标管理平台

（1）开发企业设备完整性管理绩效（KPI）指标计算和管理平台，所需数据源尽可能实现自动采集，或人工采集后传输入信息化系统进行初步分析。

（2）数据获取和分析的流程标准化。

（3）设备管理部门依托设备专家团队，结合企业战略要求，制定企业年度各专业设备绩效指标体系，提出每个指标的目标值，明确目标实现措施计划，定期进行设备绩效评价。

第一节　设备完整性管理信息平台业务架构

业务架构包括业务流程、组织人员岗位职责，主要思路是以系统组件为基础，通过与岗位职责匹配，形成业务流程，即使用系统组件进行业务流程和组织人员岗位职责的系统化设计，三者之间需相互协调和配合。

系统组件由具有单一职责的业务活动组成，业务活动定义了设备管理的工作内容、质量标准和对应的人员职责，实现设备管理的标准化和自动化。业务活动包括管理活动和检修活动。系统组件可以通过设备完整性管理体系管理要素为起点，再结合组织人员岗位职责和流程的设计，通过多次反复可最后确定。系统组件可包括多个业务活动，业务活动只能归属于某一个组件。

采用组件化的设计理念，通过业务活动的灵活组合，可实现流程再造和组织变革。

系统组件如图 6-2 所示。

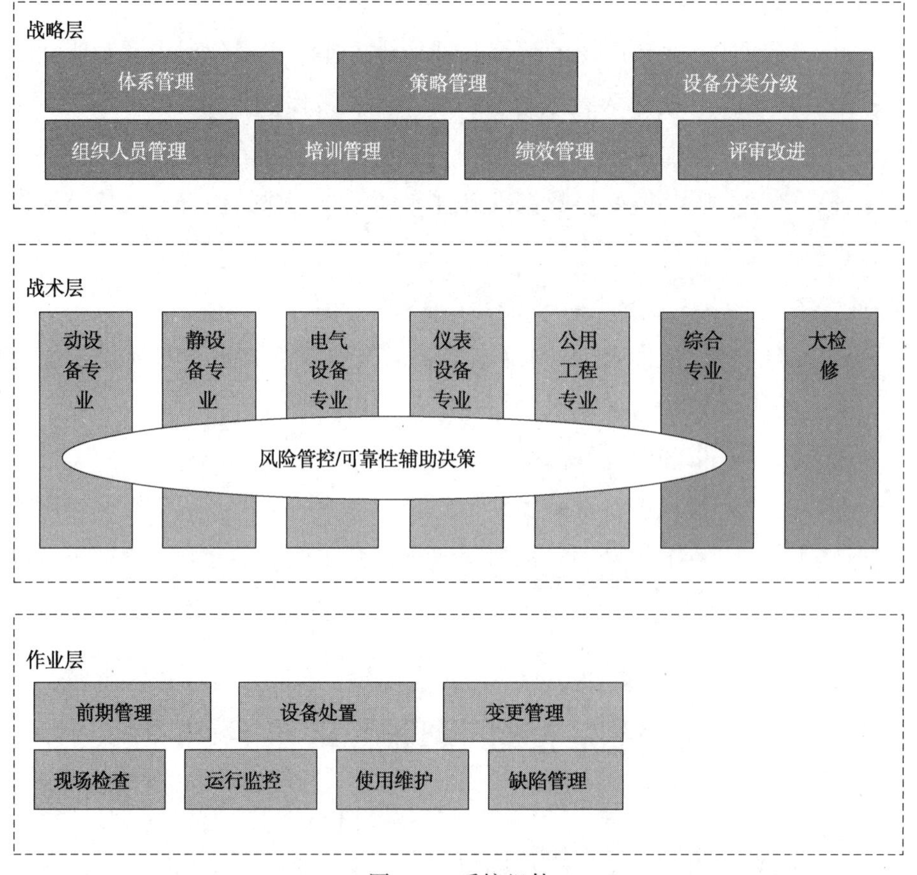

图 6-2　系统组件

第二节　设备完整性管理信息平台业务流程

依据设备完整性管理体系要求，将设备管理制度流程化、流程表单化，这是设备完整性管理信息化的基础。

设备完整性管理系统以流程(任务)为核心，根据完整性管理要素和任务规则确定设备管理工作中的业务流程，按专业和设备分类管理，明确流程中的组织人员岗位职责，由指定人员处理流程执行过程中发现的问题和填写表单，流程结束后做出评价并提出改进方案。根据岗位职责规划岗位能力模型制定培训计划。

业务流程与设备完整性管理体系中的管理要素对应，业务流程和相应的表单以系统组件为基础按企业实际需求通过工作流程管理配置。业务流程采用组件化设计理念，以业务活动为中心，通过业务活动灵活的组合方式，支持各业务部门的流程运转，见图 6-3。

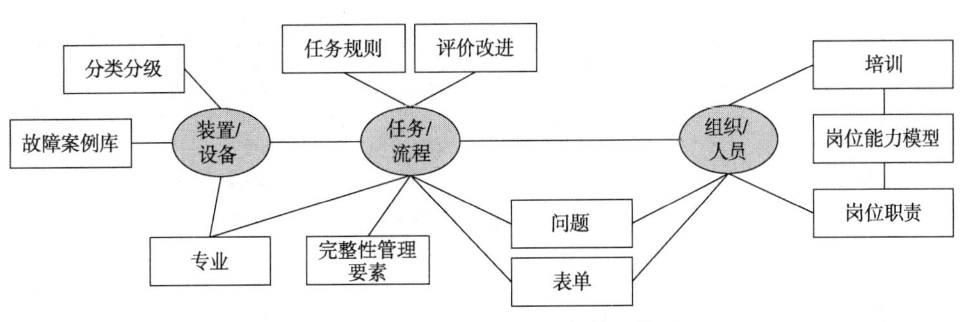

图 6-3 以任务为核心的设备管理模型

第三节 设备完整性管理信息平台 IT 架构

IT 系统不仅支撑业务，而且还能促进或拉动业务。业务与 IT 的关系是相互支持和相互促进的。

信息平台采用面向服务的架构(SOA)，见图 6-4，用标准的方法构建、重用、整合服务。以业务驱动服务，以服务驱动技术，使各项功能更好地服务于业务，在标准层面上实现跨平台整合，并提供对其他已有系统的集成机制。

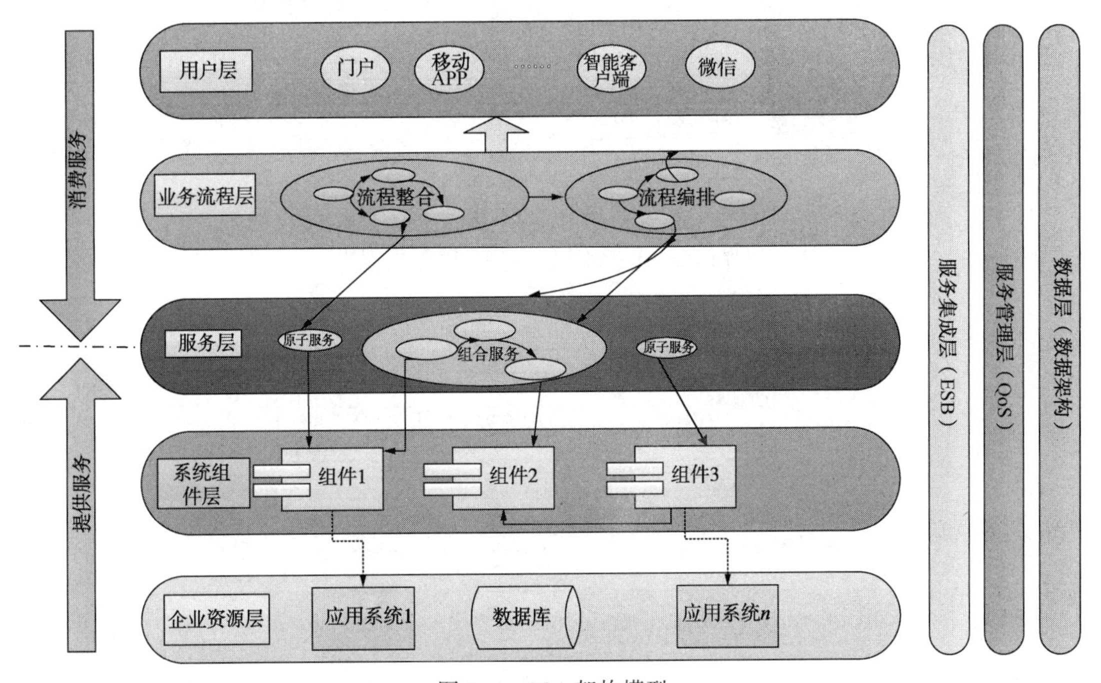

图 6-4 SOA 架构模型

IT 系统的软件组件与系统组件相匹配，能更好地支持业务的变化，保证业务的灵活性。当业务发生变化的时候，IT 的支撑架构可以很快适应这种变化。

（1）企业资源层：由操作系统和后台应用系统组成，能够被系统组件调用。

（2）系统组件层：实现 IT 系统的服务功能，并确保服务的质量。

（3）服务层：服务在这里注册、被发现和被请求。简单服务还可以编排成组合服务。

（4）业务流程层：通过对服务层服务的组合和编排实现业务流程。

（5）用户层：建立个人工作平台，根据人员角色职责定义个人工作界面实现定时事务提醒和日常工作提醒。

（6）服务集成层：通常由企业服务总线系统来提供智能路由、多协议支撑、消息格式转换等功能，集成应用程序和服务，以增强 SOA 的功能。

（7）服务管理层：提供服务质量，包括安全、监控和服务管理机制等。

（8）数据层：建立数据平台，实现系统的数据集成，为各个层次的系统提供数据支持。

设备完整性管理系统以 SOA 架构理念为基础设计系统集成方案，实现数据集成、应用集成和系统界面集成，见图 6-5。

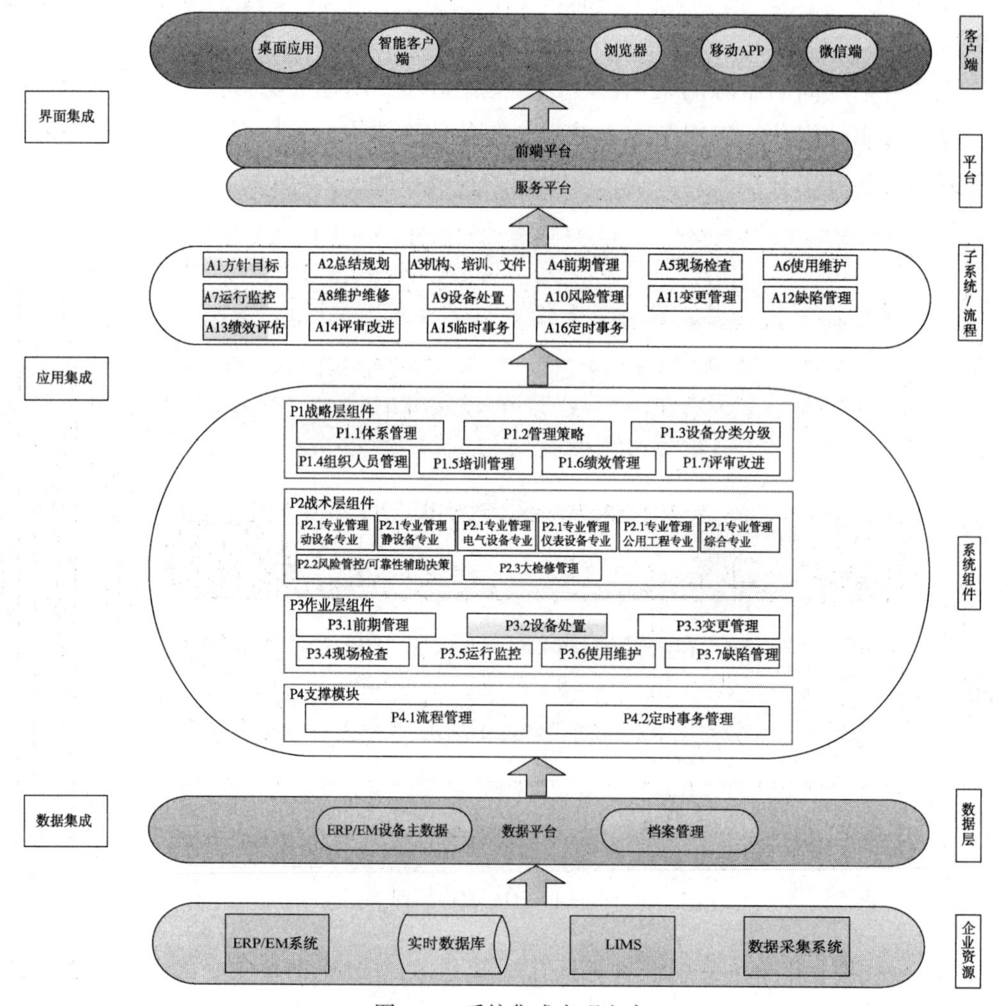

图 6-5　系统集成实现方案

第四节 设备完整性管理信息平台数据集成

数据集成可以建立一个共享、通用、一致和广泛的数据基础平台，消除信息孤岛。数据集成基于业务架构，参考业务流程、设备完整性管理的信息需要、行业标准完成设计方案，并能够适应组织架构、流程的变化，见图 6-6。

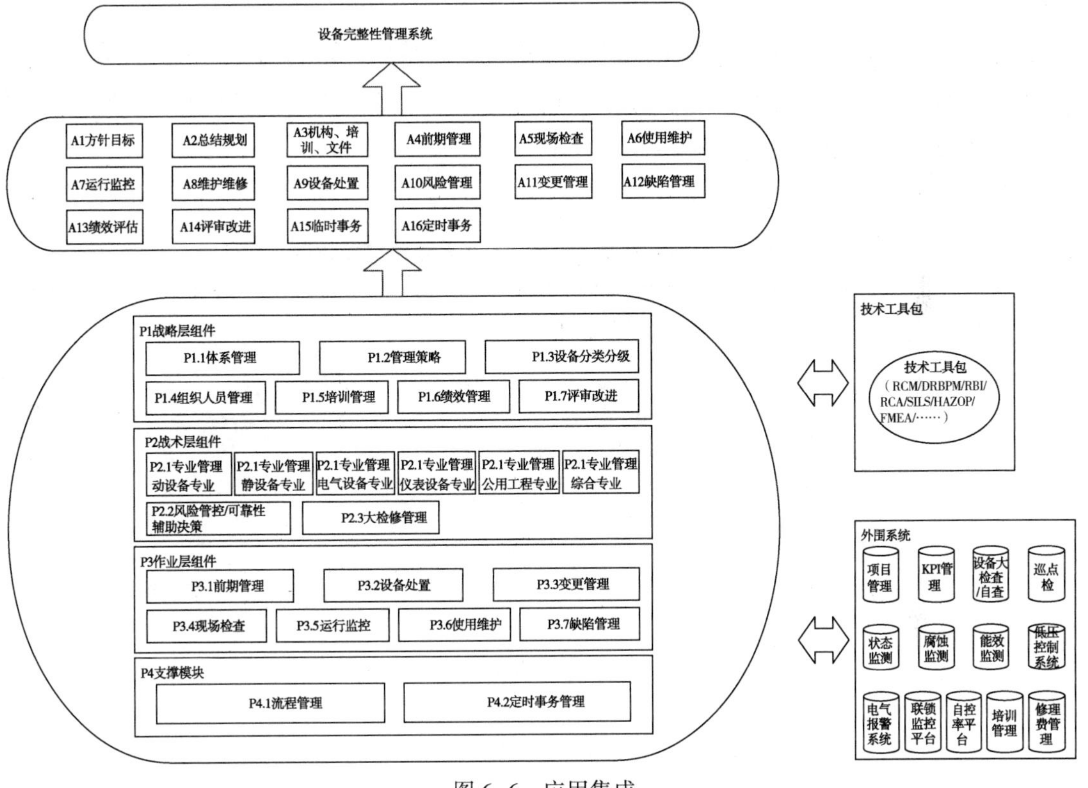

图 6-6 应用集成

数据集成定义了标准化的数据结构和外部数据接口，系统数据平台提供外部系统需要的数据，也可以从外部系统获取数据加工处理，统计查询。

主数据与 ERP/EM、档案管理系统同步，主要包括体系文件、组织机构、工作中心、成本中心、功能位置、生产装置、设备类别、设备台账、设备技术参数、设备 BOM、物资编码、监测指标、KPI 指标、系统用户等。

业务数据从实时数据库、LIMS、数据采集系统获取，主要包括检维修信息、检验检测信息、缺陷/故障信息、通知单/工单信息、设备状态信息、运行信息、各专业管理业务信息数据、各类业务的审批信息等。

第五节　设备完整性管理信息平台应用集成

系统应用集成以系统组件为核心，主要实现设备管理工作的标准化、自动化；通过标准接口与技术工具包和外围系统集成，实现更丰富的业务功能；系统组件通过配置实现业务流程，见图6-6。

系统组件按照设备完整性管理体系文件设计开发，系统组件与管理要素对应，通过对系统组件的配置，实现业务流程的功能，是设备完整性管理信息化的重要手段。系统组件以设备完整性管理体系文件为依据，逐级细化，企业可以在各级组件下按需订制开发下一级的组件，使平台更好地匹配企业的实际需求。

系统一级组件分为战略层组件、战术层组件、作业层组件和支撑组件，见表6-1。

表6-1　设备完整性管理信息平台系统组件分级

一级组件	二级组件
P1 战略层组件	P1.1 体系管理
	P1.2 策略管理
	P1.3 设备分类分级
	P1.4 组织人员管理
	P1.5 培训管理
	P1.6 绩效管理
	P1.7 评审改进
P2 战术层组件	P2.1 专业管理
	P2.2 风险管控/可靠性辅助决策
	P2.3 大检修管理
P3 作业层组件	P3.1 前期管理
	P3.2 设备处置
	P3.3 变更管理
	P3.4 现场检查
	P3.5 运行监控
	P3.6 使用维护
	P3.7 缺陷管理
P4 支撑组件	P4.1 流程管理
	P4.2 定时事务管理

战略层组件：制定企业设备完整性管理方针和管理目标，建立并审核发布完整性管理体系文件。根据设备选择和分级管理标准确定纳入设备完整性管理的设备，明确分级

管理内容。以设备分类分级的结果为基础制定不同级别设备的管理策略，明确设备管理的具体工作，包括日常检查维护、缺陷处理流程、维修策略等。将设备管理的具体工作落实到具体人员岗位上，明确人员岗位职责。制定量化的绩效指标并定期评估，通过相关数据分析和评价管理体系的适宜性、充分性和有效性。通过分析评价的结果对设备完整性管理进行持续改进，以提升设备管理绩效。

战术层组件：战术层组件是管理策略的具体应用，采用专业工具和专家经验对是否需要进行设备管理活动做出决策。专业管理涵盖动、静、电、仪、其他设备及各类典型设备的管理以及专业技术应用管理，是设备完整性管理的技术载体。风险管控通过风险识别、风险评价、风险控制、风险监测采取降低事故发生可能性的措施，确保设备安全运行。专家结合维修策略并参考设备机器运行情况的各类信息，对某台设备是否需要进行维修做出决定。培训管理重在提升人员的能力和意识，使之与岗位能力要求和完整性管理理念相匹配。

作业层组件：对战术层决策的具体执行，对设备管理的业务活动进行定期提醒，监控作业过程，记录作业结果。

支撑组件：包括流程管理和定时事务管理，是信息系统为完成上述业务功能而开发的功能组件。

下面针对二级组件的内容分别做详细说明：

P1 战略层组件

P1.1 体系管理

完整性体系文件分为管理手册、程序文件、作业文件三个层次，体系管理实现对体系文件的存储、查阅、更新、审核和发布，以及对体系文件规定的人员岗位职责、工作流程、业务活动进行结构化多维度查询。

管理手册：阐述企业设备方针和描述其设备完整性管理体系整体信息的纲领性文件；对内是实施设备管理的指南，对外是企业设备管理方针和承诺的声明。

程序文件：是管理手册的支持性文件，规定了企业设备管理的目的、职责和权限、工作流程，具有可操作性和可检查性；程序文件是企业进行设备管理的重要依据，各部门、单位必须严格执行。

作业文件：是程序文件的支持性文件，包括管理性作业文件(管理制度)、操作性作业文件(操作规程)、岗位作业指导书、设备计划书、应急处置方案、记录等，必要时有管理方案或作业流程图。

P1.2 策略管理

策略管理是为每套设备制订维护方案和规划设计，决定了应该实施什么样的计划性维护，及针对隐患要采取的非计划快速反应措施。例如：以设备分级管理为基础，制定不同级别、不同专业设备的日常检修策略和大修检修策略，以及日常检修策略和大修检修策略审核流程，制定日常和大修检修标准。同时，管理策略还包括为实现上述设备维护活动所需要的组织人员协调和工作流程协同。

P1.3　设备分类分级

以风险管控为基础，制定设备分类分级准则。根据设备在生产中的重要性、可靠性和发生故障的危害性来确定设备等级，按照关键设备、主要设备、一般设备进行分级管理，记录分类分级结果，与ERP设备档案保持实时同步。将分级后的设备与相应的专业检修策略进行关联，落实不同级别设备管理人员及人员权限、职责。

P1.4　组织人员管理

建立设备完整性管理组织机构，确定设备完整性管理相关的职能，以设备分级管理为基础制定管理、技术和操作人员的职责和权限，明确各类人员对不同级别设备的管理权限。

P1.5　培训管理

模块包括年度培训、月度培训、专业制度培训和检查、培训效果评估子模块。前两个子模块存放年度培训计划、月度培训计划；专业制度培训和检查，定期对制度进行培训和制度执行情况的检查；培训效果评估对本年的培训效果进行一个评价，更好地制定下一年的培训计划。

培训管理涉及的主要角色有公司副总、机动处长。

P1.6　绩效管理

制定企业级和各专业的KPI指标，上传(生成)KPI月报。从KPI子系统每月定时获取KPI指标结果，可以根据专业、时间进行查询。和上月、年度指标进行比较，超过波动值记录备案一次，达到规定数量触发企业级、专业级方针、规划回头看，基于此进行指标评审改进。

绩效管理涉及的主要角色有KPI系统管理员。

P1.7　评审改进

对体系符合度和体系运行结果进行评审改进。根据完整性系统各模块数据、EM数据生成分析月报，定期开展评审会议，并根据评审结果不断改进完整性体系。基于企业KPI绩效管理结果，对KPI指标进行评审改进优化，使其符合实际管理需要。基于企业年度KPI绩效结果对工作目标、策略和年度体系文件进行评审改进。并结合实际设备管理需要对专业定时性工作进行评审改进优化。

评审改进涉及的主要角色有公司副总、机动处长、专家团队负责人、设备主任。

P2　战术层组件

P2.1　专业管理

将设备按动、静、电、仪、公用工程、综合六类分别管理。

动设备：大机组、泵、风机等的定期检查、维护、润滑、切换、运行监控；

静设备：压力容器、压力管道、常压储罐、加热炉、锅炉、换热器、重点阀门、呼吸阀、小接管等的定期检查、检验、维护、运行监控；

电气设备：电气设备的定期检查、维护、润滑、运行监控；

仪表设备：仪表设备的定期检查、维护、润滑、联锁运行、自控率统计；

公用工程：水务系统的运行管理；

综合：各类设备的费用/成本管理和计划管理。

P2.2　风险管控/可靠性辅助决策

分专业管理，按动、静、电、仪、公用工程、综合分为六类。实现对风险的评估管理，对风险进行分级管理，并制定相应的风险管控措施。实现对存在的安全隐患进行线上管理，通过线上管理落实现场排查工作，确保隐患的及时整改。实现系统对存在的风险进行分级管理，之后由可靠性工程师判断风险是否可消除或接受，由相关专家审核评估，车间定期跟踪评估后进行风险消除。

风险管控涉及的主要角色有副总工程师、专家团队、可靠性工程师、现场工程师。

P2.3　大检修管理

主要用于指导大检修策略的完善，精心策划检修准备，聚焦检修实施质量和进度控制，做到“应修必修不失修，修必修好不过修”。

大检修总结用于公司大检修期间，对各项施工质量、施工统筹等方面进行总结，累积经验，总结教训，从而来提高公司大检修管理水平。

大检修管理是对维修策略的具体实现，专家结合维修策略并参考设备机器运行情况的各类信息，对某台设备是否需要进行维修做出决定。

大检修管理涉及的主要角色有机动处长、设备主任、专家团队、可靠性工程师。

P3　作业层组件

P3.1　前期管理

监控设备前期管理的重点环节和文件管理。主要关注设计、采购、施工三个阶段。设计阶段：委托、基础设计(设计审查)、设备订货通知单、设备规格书；采购阶段：技术协议/要求、随机资料、手册、出厂验收；施工阶段：安装资料、试运资料。

前期管理涉及的主要角色有设计单位、物资处和施工单位的相关人员。

P3.2　设备处置

设备处置组件实现设备停用、再启用处置的线上管理，提高设备处置的管理效率，方便对设备处置信息的浏览查询。

设备处置组件实现管理人员在系统提报设备停用记录数据，经由相应的领导、专工审核，确定停用、再启用信息，并确定对应的后期维护保养工作计划。

设备处置涉及的主要角色有机动处长、专家团队、可靠性工程师、现场工程师。

P3.3　变更管理

涉及动、静、电、仪、公用工程专业。

设备变更组件实现设备本体改造、工艺变更、管理制度、操作规程和管理人员计划及方案的线上管理，在线提报变更方案，由领导和专家审核通过后即可变更，否则不予执行。

变更管理涉及的主要角色有副总工程师、设备主任、专业团队、可靠性工程师、现场工程师、维护工程师。

P3.4　现场检查

涉及动、静、电、仪、公用工程专业。

包括设备完好情况统计和专业现场检查管理。

设备完好情况统计，在模块中展现全厂及片区的设备完好率，同时统计出全厂最差十台机泵。设备完好的数据来源主要是两块：一是定时性检查工作中查出的问题，另一个是缺陷管理组件中，对设备进行缺陷分类到完好类的。

专业现场检查按动、静、电、仪、公用工程分专业管理，主要是定时性工作，定时触发给可靠性工程师和维护工程师，下载检查标准表单，对现场设备进行检查，并将总结上传至平台，同时在系统上填写问题汇总表，有通知单的需要填写通知单号，可靠性工程师确认后，流程结束，问题会形成列表展现在该模块中。

现场检查涉及的主要角色有专业团队、可靠性工程师、现场工程师、维护工程师。

P3.5　运行监控

涉及动、静、电、仪、公用工程专业。

通过监控设备运行参数报警趋势，及时调整设备运行工况，来达到保证设备平稳运行的目的。运行监控组件通过专业定时事务自动触发各类设备运行工作(按专业划分为动设备、静设备、电气设备、仪表设备运行监控)。现场工程师及相关设备管理人员对各类设备的运行状况进行实时监控分析，依据各类设备的运行监控流程完成运行监控工作。运行监控组件涉及的运行监控指标数据按设定的频率自动从运行监控子系统中读取。

运行监控涉及的主要角色有专业团队、可靠性工程师、现场工程师、维护工程师。

P3.6　使用维护

涉及动、静、电、仪、公用工程专业。

在新增设备、设备发生变更、本体进行改造或者其他的原因，对设备操作规程进行编制或者修改。

通过专业定时事务自动触发各专业设备维护工作，发现问题汇总上报。

使用维护涉及的主要角色有专业团队、可靠性工程师、现场工程师、维护工程师。

P3.7 缺陷管理

涉及动、静、电、仪、公用工程专业。

通过对设备运行状况的监测、设备状况评估、预防性检维修，有效地对公司设备缺陷进行识别、响应、传达、消除，实现对缺陷的闭环管理。

故障的线上管理，对故障发生的根原因进行分析。人工提报或者缺陷触发故障分析，经由可靠性工程师判断是否进行根原因分析，并给出根原因分析的记录，再由相关专家进行审批确认。

缺陷管理涉及的主要角色有专业团队、可靠性工程师、现场工程师、维护工程师。

P4 支撑组件

P4.1 流程管理

配置相应的流程或对已有的流程进行修改、删除。

实现对流程的监控，用户可查询流程的运行状态，并作出统计分析。

P4.2 定时事务管理

定时性事务，包括需要定时召开的各类会议、各专业定时性检查工作和其他定时性工作的任务触发和结果统计。规范日常定时性工作统一操作标准，分清权责；提高日常定时性工作的处理效率，确保日常定时性工作及时、规范地开展。

参 考 文 献

[1]【美】Center for Chemical Process safety 编著．刘小辉，许述剑，方煜等译．机械完整性管理体系指南[M]. 北京：中国石化出版社，2016.

[2]【美】Center for Chemical Process safety 编著．刘小辉，许述剑，屈定荣等译．资产完整性管理指南[M]. 北京：中国石化出版社，2019.